走過經典
感受大師的震撼！

Catch The Essence Of
28 Classics On Management One F

一口氣讀完管理學經典28本

《管理思想的演變》丹尼爾・雷恩：管理思想史專家
《工業管理與一般管理》亨利・法約爾：一般管理理論之父
《科學管理原理》弗雷德里克・溫斯洛・泰勒：科學管理之父
《社會與經濟組織理論》馬克思・韋伯：組織理論之父
《工業文明的社會問題》喬治・愛爾頓・
《經理人員的職能》賈斯特・巴納德：社
《管理的新模式》倫西斯・利克特：支持
《管理的實踐》、《有效的管理者》彼得
《管理學》哈樂德・孔茨：管理過程學派
《馬斯洛管理》亞伯拉罕・馬斯洛：需求
《企業的人事方面》道格拉斯・麥格雷戈
《工作與人性》弗雷德里克・赫茨伯格：雙因素理論創始人
《讓工作適合管理者》弗雷德・菲德勒：權變管理創始人
《渴求成就》大衛・麥克利蘭：激勵理論的巨匠
《權力的兩面性》大衛・麥克利蘭：激勵理論的巨匠
《管理決策的新科學》赫伯特・西蒙：管理決策理論奠基人
《管理決策新論》維克托・弗魯姆：期望理論的奠基人
《普通企業管理學》京特・沃厄：普通企業管理學巨匠
《現代企業的領導藝術》約翰・科特：領導變革之父
《經理工作的性質》亨利・明茨伯格：經理角色理論巨匠
《董事》鮑勃・特里克：董事與董事會理論巨匠
《追求卓越》、《亂中取勝》湯姆・彼得斯：享譽世界的經營管理大師
《Z理論》威廉・大內：Z理論創始人
《第五項修煉——學習型組織的藝術與任務》彼得・聖吉：學習型組織之父
《再造企業》邁克・哈默：企業再造之父
《合作競爭大未來》尼爾・瑞克曼：合作競爭理論的巨匠

U0085658

宋學軍／著

前言

我的一位朋友喜歡看書，尤其是管理學方面的書，因為他是一家公司的經理。在他辦公室裏的書架上，陳列著《科學管理原理》、《經理人員的職能》、《擺脫危機》、《有效的管理者》、《行銷管理》、《追求卓越》、《Z理論》、《第五項修煉》等管理學的經典之作。

我問他：「這些書是否都一一細讀過？」他笑笑說：「只有少數的細讀過，大部分只是偶爾翻翻，因為沒有足夠的時間。」

我相信，他的說法代表了大多數管理者的現狀。作為管理者，平時工作都比較忙，拿出專門的時間來讀書並不是件很容易的事，大多時候讀書的時間是隨機的。不可否認，對於管理者而言，掌握一些管理知識是必要的，因為這直接決定著管理工作的成效。管理者渴望學習一些先進的管理理論和管理經驗，以便做好管理工作。但這個願景卻常常與時間發生衝突。

世界第一CEO傑克・韋爾許在談到讀書時說：「**對於管理學方面的書籍，我最喜歡讀那些書的內容簡介，或讀一些集中介紹這些書籍的書，因為這樣不但可以節約時間成本，更重要的是可以直接明白管理大師們的觀點或思想體系。**」

隨著生活節奏的加快，能夠花最少的時間讀最多的管理學名著是眾多管理者的期望。本書正是基於此而編寫的。雖說管理本身並沒有固定的通用的模式，但管理大師們的經典之作的確在傳播管理方法和新觀念方面產生了巨大的作用。

從「科學管理之父」泰勒的《科學管理原理》，到「現代管理之父」杜拉克的《有效的管理者》，從「學習型組織之父」聖吉的《第五項修煉》，到「企業再造之父」哈默的《再造企業》等，管理理論幾經演變。

尤其是近年來，隨著出版業的繁榮，各種管理方面的書籍層出不窮，令管理者們目不暇接。我們無法知道到底有多少種這方面的書籍，但有一點可以肯定，那就是大多數管理學書籍和一些管理思想都或多或少受到過上述經典名著的啟發和影響。所以，若想真正學到管理學知識，從一些經典名著下手是明智之舉。我們從浩如煙海的管理學專著中，精選了二十八本影響世界管理學發展進程的經典名著，對每一部經典名著進行了觀點的提煉和內容的簡要陳述，使管理者能在短時間內通曉頂尖管理大師們的管理精髓。

當然，理論只是理論，還需要把它運用到實踐中去一一應用到日常的管理工作中去，就能使管理工作變得更加卓越有效。

需要指出的是，有些經典作品的出版年代離我們較為久遠，有些經典作品也存在著某些局限性，但這並不能掩蓋它們在管理史上的熠熠光輝。因為，經典就是經典。

目錄 CONTENTS

《管理思想的演變》

丹尼爾・雷恩：管理思想史專家

管理的基礎在於經濟的分配和利用人力及物力資源，以便實現組織目標。

——雷恩

丹尼爾・雷恩（Daniel A. Wren），美國著名管理學家，管理思想史專家，生於一九二九年，一九五九年雷恩獲得博士學位，此後執教於佛羅里達州立大學，後來又擔任過美國南方管理協會主席與管理學院管理史研究部主任、伊利諾斯大學管理學教授並兼任奧克拉荷馬大學哈里・巴斯企業史文獻收藏館館長。

雷恩在管理學的各個方面都有涉獵，且成績斐然。在雷恩看來，管理史研究與教學，在建立完整的管理科學和繼承前輩管理思想方面，都有不可忽視的意義。他尤其強調根據文化環境來研究管理思想，即不僅要知其然——瞭解管理思想的過去和現在，還要知其所以然——說明它為什麼是如此發展過來的。這裏所說的文化，包括了經濟、社會和政治等各個方面的內容。雷恩對管理史的研究，為管理學科的系統性做出了巨大貢獻。

雷恩的主要著作有：《管理思想的演變》、《管理的原則——過程和行為》等。

《管理思想的演變》一書分為四個部分，始終都是按照時間順序敘述。這樣做，是為了證明管理的理論和實際都是發展演變的，同時也顯示了人們和各種有關組織的設想是如何隨著經濟、社會和政治準則及政治體制的變化而發生變化的。在書中，雷恩對有重大貢獻的管理學者的活動背景、思想和影響加以研究，以此來說明管理思想從最早的非正規時代起，一直到當代的發展演變過程。雷恩認為，早期的管理學研究更注重於對生產技術、流程管理的研究，現在轉向為重視研究企業中人與人之間的關係，而人與人之間的關係卻受傳統文化的影響。對管理思想演變的研究，可以有助於瞭解管理文化的發展，以便更好地根據管理文化，制定出一些符合人們行為關係的管理方法，提高管理效率。

基於此，雷恩把管理思想的演變分為四個階段，分別為管理思想時代、科學管理時代、社會人的時代和當前時代。

管理思想時代

關於管理的起源，雷恩認為，人們具有經濟、社會和政治各方面的需求，這些需求必須透過有組織的努力才能得以滿足，各種組織都是作為實現人們目的的手段而產生的。組織必須加以管理，因此，管理是一種有組織地實現目標的活動，它發揮某些職能，以便有效地獲取、分配和利用人們的努力和物質資源，來實現某個特定的目標。

雷恩先簡單地考察了工業化之前的管理，然後較詳細地分別敘述了英、法兩國及美國的早期管理。工業革命使工廠制度得以建立，同時出現了一些以前沒有遇到的問題：首先是如何有效地使技術、材料、組織職能和生產過程相結合的問題；其次是勞動力方面的問題，有些工人不適應工廠制度，對此大多數工廠都採取了「胡蘿蔔加棒子」的政策。羅伯特·歐文在這方面進行了積極的探索，他認識到了關心工人利益、建立勞資合作關係的重要性，因此，在激勵工人時不僅要使用金錢，還要考慮工人的社會需要。

美國早期管理思想的發展和鐵路密切相關，鐵路運輸發展中出現的大量常規性問題，迫使鐵路管理者制定一整套制度，以保證鐵路的正常運輸。在這方面，麥克勒姆做出了突出的貢獻。他提出了適當劃分職責，授予充分權力，對一切錯誤迅速報告和糾正以及懲罰失誤者等原則。

科學管理時代

一提起科學管理，人們很容易就會想起泰勒。泰勒長期在工廠裏工作，曾擔任過學徒、工廠技師和總工程師等職，所以他對許多現實問題都體會頗深。泰勒看到了工人磨洋工所造成的巨大損失，也看到了提高勞動生產率的巨大潛力，在此基礎上，泰勒又根據自己的經驗，總結出了一套科學的管理方法。科學管理的基石是工時研究，即科學地確定完成各項工作的時間，然後挑選出最佳人選去從事其合適的工作。在這個理論的指導下，泰勒透過減少疲勞、科學地選擇工人，以及刺激性的獎勵計劃等，來實現最大限度的個人發展和最高的報酬。其實，他的出發點正是透過激發工人的積極性，來提高工作效率，「實現最大限度的富裕」。此外，泰勒還提出了職能工長制的概念。他認為應當把職能進行分解並委託工長去執行，進而使總經理能夠避免處理工廠的細小問題，只需關心「例外的問題」，這可以促使管理知識的專門化。但是，由於這一理論與統一指揮原則相矛盾，沒有得到推廣。

與泰勒同時代的法約爾和馬克思・韋伯，創立了行政管理理論。法約爾同樣是工程師，但他主要從事管理工作，因此他的出發點是整個企業的管理活動。法約爾對管理和行政管理作了區分，認為前者是一種一體化的力量，後者完全要透過人來產生作用，也就是說，後者只是前者的六種具體職能之一。並重點分析了行政管理的五種要素：計劃、組織、指揮、協調和控制，同時提出了十四條管理原則，這些要素和原則成為了現代管理理論的基礎。

馬克思・韋伯的研究集中在組織管理方面，他提出了一種理想的行政管理組織。這種組織的權力建立在合理合法的基礎上，組織成員的挑選完全根據職務的要求，組織內部關係以理性為準則，各種職位按照職權的等級原則組織起來，每一職位有明文規定的權利和義務，形成一個指揮鏈。

總之，科學管理的核心問題，是勞動生產率，即用科學的工作方法和刺激性的工資制度，來提高生產率，實現現實的要求。當然，這些管理學家的理論可能沒有考慮人的複雜的需求，但從當時的社會環境來看，科學管理可以被看作是適應環境的一劑良藥，其重要的意義在於，它為今後的管理思想的發展打下了基礎。

社會人的時代

在管理思想史上，社會人的時代開始於有名的霍桑試驗。在書中，雷恩詳細敘述了霍桑試驗的過程和結論。透過深入研究，梅奧等人在對傳統的有關工作行為的假設和所觀察到的行為之間神秘的不相符進行解釋的過程中，認識到企業是一個社會系統，技術方面有關效率的要求和經濟報酬應和每一個組織中對人的關心聯繫起來看。其結論是：一、工人是社會人，不僅僅需要金錢，而且有更為複雜的社會方面的需求；二、企業中非正式組織和正式組織相互依存，對生產率有很大影響；三、必須發展一種新的領導方式，透過提高員工的各種滿足程度來激勵員工的積極性，進而提高勞動生產率。企業領導者必須在效率的邏輯和工人感情的非邏輯之間維持一種平衡。

另一方面，第二次世界大戰之後的經濟繁榮空前地擴大了市場和企業的規模，使管理思想的側重點從生產轉向了高層管理，此時，企業的組織結合就顯得格外重要。在這一方面，福萊特和巴納德兩人做出了突出貢獻。福萊特的主張是：一、透過利益的結合來減少企業中的衝突；二、使命令「非人稱化」並變為服從「形勢規律」。形勢規律是以科學管理為依據的，即泰勒的職能管理要求的、以確定的事實而不是以某一個人的意志為服從的根據；三、確立一種透過協作和控制的努力來達到目的。若能建立起「因事實控制而不是因人控制」以及「相互關聯的控制而不是上面強加的控制」的控制結構，企業就能完美和諧地運轉下去。

巴納德推進了正式組織的分析，也引入了非正式組織的作用，以便取得平衡。他認為，**社會組織是一個「有意識的加以協調的兩個或兩個以上的人的活動或力的系統」**。這一系統，包括三個普遍的要素：協作的意願，共同的目標和資訊交流。非正式組織是正式組織有益補充，兩者相互創造條件。經理人員在協作系統中作為各方面相互聯繫的中心，應致力於對協作的努力進行調節。

當前時代

第二次世界大戰以後，隨著市場的擴大，和隨著戰時研究而出現的工藝技術的進步，以及組織的持續增長，要求管理人員在更健全的基礎上進行管理。在法約爾、古利克和厄威克等人的工作基礎上，第二代管理過程學派修訂了有關管理職能的理論。與此同時，其他各派也滲入到管理過程學派中，湧現了新的學派，被稱為「管理理性叢林」。此時的管理學派，主要有管理過程學派、經驗主義學派、人際關係學派、社會組織學派、決策理性學派和數量學派等。

在探求管理理論統一的同時，人們也日益重視探求組織中的和諧。麥格雷戈歸結的著名的「X理論一Y理論」，哈吉里斯的「不成熟一成熟」理論，以及赫茲伯格的「激勵一保健理論」，分別從不同的角度探討了人的行為模式，進而使「社會人哲學」所關心的人際關係轉換為對人為資源的重視，這就是著名的「組織人道主義」。

傳統的人際關係思想方式的實驗研究，被人們認為是軟弱的和有缺陷的，組織人道主義則是作為它的反應而出現的。作為一種哲學，組織人道主義強調對人本身的關心和尊重，而不是利用人際關係技巧為工作環境包上一層「糖衣」。它強調透過組織中人的自我實現來實現組織的目標，而不是僵硬地要求人為組織做出貢獻。

人性假設的改變，要求領導方式也相應地發生改變。為此，出現了利克特的「參與領導方式」，布萊克和穆頓的「管理方格法」，以及菲德勒的「權變領導模式」等。

與此同時，組織人道主義者希望透過改變組織形式來謀求人與組織之間的和諧。在這方面馬奇和西蒙對古典組織理論進行了攻擊，並提出了一連串的建議。另外，權變理論的出現，對包括組織人道主義方案在內的「最好的一種方法」進行挑戰。整體來看，組織人道主義強調了組織的靈活性，希望透過包容，兼顧人和組織。

這時候，電腦技術和複雜數量方法的進展，深刻影響著對未來管理人員的培訓，極大地推動了管理定性化的進程；此外，運籌學的發展，透過對工業和組織問題的因素進行量化處理，用數學方法處理所建立的模型，使管理成為一門真正的科學。

最後，雷恩回顧了整個管理思想演變史，以及相應的社會、經濟、政治環境的演變，再次強調了管理思想和社會環境之間的密切關係。他指出：**「對於管理學家來說，歷史中存在著許多教訓，而其中最重要的一個教訓，就是把過去的研究作為一個序幕。」**

《工業管理與一般管理》

亨利・法約爾：一般管理理論之父

在一個企業中，全體人員的團結與和諧，會形成一股巨大的力量。所以，應該盡力做到團結，將所有的力量集中起來，充分發揮其作用。

——法約爾

亨利・法約爾（Henri Fayol，一八四一——一九二五），是西方古典管理理論在法國的傑出代表，二十世紀早期最富影響力的管理思想家之一。他出生在法國一個小資產者家庭中，曾就讀於聖艾蒂恩國立礦業學院，是康芒奇—福爾尚布德公司的礦業工程師，後任總經理。

法約爾在管理理論方面取得了很多成就，他的主要貢獻是，在進行一般管理理論分析時，對管理職能的界定，是古典組織管理理論的奠基石。他提出的一般管理理論，對西方管理理論的發展具有重大的影響，成為管理過程學派的理論基石，也是以後西方的各種管理理論和管理實踐的重要依據之一。

法約爾的主要著作有：《工業管理與一般管理》、《管理的一般原則》、《國家在管理上的無能——郵政和電訊》、《國家管理理論》、《公共精神的覺醒》等。

《工業管理與一般管理》是法約爾最主要的代表作。在這本書中，法約爾認為，管理是實行計劃、組織、指揮、協調和控制。這意味著，管理既不是一種獨有的特權，也不是企業經理或企業領導人的個人責任。

它和別的基本活動一樣，是一種分配於領導人與整個組織成員之間的職能。所謂「領導」，就是從企業擁有的所有資源中，尋求獲得最大利益的途徑，引導企業達到它的目標，保證六項基本活動的順利完成。而「管理」只是六種基本活動之一，由領導保證其進行。

管理的一般原則

法約爾指出，社會組織的健康和正常活動取決於某些條件，人們將這些條件不加區別地稱之為原則、規則和規律。無論是在商業、工業、宗教、戰爭或慈善事業中，都需要管理，要管理，就要依據一定的原則。**原則是靈活的，可以適應於一切需要，問題在於懂得如何使用它：沒有經驗與尺度，即使是最好的原則，人們仍無法很好地遵從與利用。**法約爾認為，管理的一般原則，主要有以下十四種：

勞動分工

勞動分工是生產力發展的必然結果，其目的是用同樣的努力生產出更多更好的事物。勞動分工不只適用於技術工作，而且適用於所有涉及或多或少的一批人或要求幾種類型的能力的工作。透過分工，使某一特殊人群從事特定的工作，培育和累積專業能力，可以提高這類工作的效率，減少損失，其結果是職能專業化和權力的分散。所以，勞動分工有一定的限度，至於這一限度的實際範圍，需要根據我們的經驗與尺度去感知。

權力與責任

所謂權力，就是指揮和要求別人服從自己的權利。作為一個出色的領導人，個人權利應該作為規定權利的有效補充。所謂個人權利，是指由領導者自身的智慧、博學、經驗、精神道德、指揮才能、所做的工作等決定的權力。一個出色的領導人同樣應該具有承擔責任的勇氣，並使自己周圍的人隨之具有這種勇氣與美德。

有權力必有責任。責任，即執行權力時的獎懲。操作程序是先規定責任範圍，再制定獎懲標準。判斷獎懲的依據是，行為本身、所處環境和可能帶來的影響。這就要求領導者要有良好的精神道德，能夠做到大公無私，立場堅定，否則，責任感就會從企業流失。在一般情況下，這些條件是不易實現的，特別是在大型企業中。

紀律

紀律，是指企業要求其下屬人員與其協定相一致的服從、勤勉、積極、舉止及尊敬的表示，是一個企業順利發展和興旺繁榮的必要保證。在一個社會組織中，紀律狀況主要取決於領導人的管理風格和自身道德。領導者可以根據實際的情況，透過指責、警告、罰款、降薪等形式，使員工的行為符合紀律的要求。需要指出的是，領導者本身也得接受紀律的約束。**制定和維持紀律最有效的辦法是：第一，確保各級有好的領導者；第二，盡可能有明確而又公平的協定；第三，合理執行獎懲。**

統一指揮

在任何一項工作中，一個下屬人員只應接受一個領導人的命令，這就是「統一指揮」原則。法約爾認為，這是一項普遍的、永遠必要的準則。如果違背了這一原則，就會出現雙重指揮，權威和紀律就會受到危害，秩序和穩定就會被破壞，長此下去，整個企業也會走向衰敗。

統一領導

統一領導是指，只有一個領導者、一個計劃，是統一行動、協調力量和一致努力的必要條件。它與統一指揮不同，後者是指一個下屬只應聽從一個領導者的命令。在現實生活中，人們透過建立完善的組織來實現一個社會團體的統一領導，而統一指揮則取決於人員如何發揮作用。因此，不應把二者相混淆。統一領導是統一指揮存在的前提，但是，統一指揮並不來源於統一領導。

個人利益服從整體利益

無論是在管理學中，還是在其他學科中，個人利益服從整體利益，整體利益高於個人利益這條原則，是被普遍接受的。在一個企業裏，員工個人或者員工群體的利益不能置於企業利益之上，在一個國家裏，國家利益高於個人利益和家庭利益。**法約爾認為，要做到個人利益服從整體利益，有以下的方法：一是領導者的堅定性和好的表率作用；二是使所簽協定盡可能的公平；三是認真的監督。**

人員的報酬

人員的報酬，是員工為企業提供的服務的價格。根據等價交換原則，報酬必須合理，並盡可能使企業與其所屬人員（雇主和員工）都滿意。報酬的合理性取決於報酬率的合理確定，而報酬率的確定，主要受以下條件的影響：不受雇主和員工主觀因素影響的社會經濟因素，比如社會生活水準、勞動力供給狀況、社會經濟的繁榮狀況、企業在行業中所處的地位等；人員本身的才能；所採用的報酬方式。

實際中，報酬方式有很多種，而工人可選擇的主要有三種：勞動日工資，工作任務工資和計件工資。這三種方式各有利弊，所以可以結合起來使用，揚長避短，以達到報酬方式理想化。在書中，**法約爾還指出，理想的報酬方式應具有如下的特徵：它能保證報酬公平；它能獎勵有益的努力和激發人員的熱情；它能將報酬限制在合理的範圍之內。**

集中

像勞動分工一樣，集中也是社會生產力發展的一種必然結果。所謂集中，是指在每個動物機體或社會組織中，感覺先集中於大腦或領導部門，然後，再從大腦或領導部門發出命令，使機體或者組織的各個部分運動起來。集中或者分散，是一個典型的尺度問題，關鍵在於找到適合於該企業的最適度。

實行集中的目的，是調動所有員工的積極性，使他們都能夠發揮出自己最大的才能。

等級制度

所謂等級制度，就是從最高權力機構直至低層管理人員的領導系列。資訊從最高權力機構傳到低層管理人員，需要一條路線，這條路線就叫等級路線，又稱權力線。這條資訊傳遞路線，對於保證傳達的準確性和指揮的統一性很有必要的。但是，在一些內部機構繁多的單位中，比如一些大的企業，政府機構等，這種方法並不是最迅速的。

秩序

物品秩序的規則是：每件東西都有一個合理的位置，並且，每件東西都在它自己的位置上。建立秩序的目的是，避免物資和時間的不必要損失。為了達到這個目的，不但應該使物品都在他們的位置上，排列整齊，而且應該事先選擇位置，以便盡可能地便利所有的工作程序。如果後一個條件沒有具備，秩序還只是一種假象。

在社會秩序中，應該使每個人都有一個位置，每個人都在指定給他的位置上，它要求對企業的社會需要與資源有確切的瞭解，並保持二者之間的經常平衡，但這種平衡是很難建立與維持的。完善的社會秩序還要求位置適合人，人也適合於他的位置。要建立這樣的社會秩序，必須完成兩項最艱難的管理工作，即良好的組織與良好的選拔工作。

公平

公平是由善意和公道產生的。公道是實現已訂立的協定。但這些協定並不是未卜先知的，還有許多不足之處，需要經常對其進行補充。為了鼓勵其所屬人員能全心全意地和無限忠誠地履行他的職責，應該以善意來對待他。

公平並不排斥剛毅，也不排斥嚴格。**做事公平要求有理智、有經驗，並有善良的性格，同時不應忽視任何原則，不忘掉整體利益。**

人員的穩定

人員的穩定性是指，既要保持人員安排上的合理秩序，又要保持每個工作職位上有適當的人數與之相適應。它的最終目的是，保持企業生產經營的正常運行。

一個人要適應他的新職位，不僅需要有相應的能力，而且要給他一定時間使之熟悉這項工作，因為，經驗的累積是需要時間的。假如他還沒有來的及熟悉自己的工作，就被另調它任，他就不會有機會很好的為企業服務。

一般來說，在一個繁榮的企業中，領導人員是穩定的，而在那些營運不佳的企業中，領導人員是常變常新的。這種不穩定性，既是企業不景氣的原因，也是其結果。然而，人員的變動有時是不可避免的，例如，年老、疾病、退休、死亡都會打亂企業原來的人員構成，因此，穩定原則如同其他原則一樣，也是一個尺度問題。

首創精神

首創精神是一個社會發展的原始動力，是市場競爭的必然結果。所謂首創精神，是指想出一個合理的計劃並保證其成功，其中，建議與執行的自主性也都屬於首創精神。

不僅領導者需要有首創精神，全體人員也要有首創精神，並在必要時用後者去補充前者。這種全體人員的首創精神，對於企業來說是一股巨大的力量，特別是在困難時刻更是這樣。因此，應盡可能地鼓勵和發展這種能力，以推動企業更好的發展。

人員的團結

俗話說得好，團結力量大。在一個企業中，全體人員的團結與和諧，會形成一股巨大的力量。所以，應該盡力做到團結，將所有的力量集中起來，充分發揮其作用。

以上十四條原則，都是在管理中經常使用的。每一個領導者都應該認真閱讀，細細體會，並能在實踐中結合自己的經驗，合理地運用。

管理的要素

在法約爾看來，管理活動應分五步完成：計劃、組織、指揮、協調和控制。

計劃

計劃，指的是企業根據自身的資源、業務的性質以及未來的趨勢，制訂出企業發展的具體步驟，以及實現這些步驟的相應措施，它規定的是企業發展的方向和脈絡。

計劃工作運用在許多場合，並有各種不同的表示方法。其中，行動計劃是其最有效的工具，它不僅指出了所要達到的結果和所遵循的行動路線，還包括了在一段時間內企業發展的預測與準備。

一、制訂行動計劃的依據

- 企業的資源（包括資本、人員、生產能力、商業銷路、公眾關係等）；
- 經營業務的性質及重要性；
- 未來的發展趨勢。

從以上三方面可以看出，要制訂一個好的行動計劃，企業的領導人及其助手不僅要具備各種技術的、商業的、財務的等方面的能力，最重要的是要有良好的管理能力。因此，行動計劃的制定涉及所有的部門和所有的職能，特別是管理職能。

二、好的行動計劃應具有的特徵

統一性。在一個大的企業中，除了總的計劃外，還有技術計劃、商業計劃、財務計劃等部門計劃。所有這些計劃都應相互聯結在一起，成為一個不可分割的統一整體。

持續性。企業是一個持續經營的實體，因此，計劃的指導作用也應該是持續不斷的。為了使其指導作用不中斷，應該使下一個計劃不間隔的接上前一個計劃，如此延續下去。

靈活性。在企業的經營中，會出現很多不確定因素，因此，計劃應能順應人們的認識，做一些適當的調整。

準確性。在那些影響企業命運的未知因素所能允許的範圍內，計劃應盡可能達到最大的精確性。

組織

在一個企業中，組織就是為企業的經營提供所有必要的原料、設備、資本、人員。一般來說，組織可以分為兩大部分：物質組織和社會組織。在配備了必要的物質資源以後，人員或社會組織就應該能夠完成它的六項基本職能，即進行企業所有的經營活動。

一、社會組織應完成的管理任務

- 制訂深思熟慮的行動計劃，並能夠很好的執行；
- 使社會組織和物質組織與企業的目標、資源和需要相適合；
- 建立統一的、合理的領導模式；
- 協調各方面的力量，使其步驟一致，以便做出清楚、明確、準確的決策；
- 有效地配備和安排人員，職責明確化；
- 鼓勵首創精神；
- 報酬合理化，並建立起相應的責任制度；
- 個人利益服從企業利益；
- 注意物質秩序與社會秩序；
- 進行全面控制，避免規章過多、官僚主義、形式主義、文牘主義等弊端作。

二、社會組織的機構與成員

機構是指六個基本職能的機構。在個體經營的企業中，這六個職能可能由一個人表現；在國家企業中，這些職能極其複雜，分工很細，佔有大量人員，並建立起數目眾多的大小機構。在股份有限公司的社會組織中，有以下主要機構：

股東大會。它們的作用是很局限的，主要是：任命董事會成員與審計專員和審議董事會的建議。

董事會。它擁有的法定權力很大，這些權力是屬於集體的。董事會通常總是把很大一部分權力授予由它任命的總管理處，董事會應該能夠判斷總管理處提出的建議，並對工作實行全面監督。

總管理處。它負責盡可能好地利用企業所擁有的人力、物力來達到企業的預定目標。它是一個執行權力機構。總管理處擬定行動計劃，選用工作人員，下達行動命令，保證和監督各項工作的執行。

總管理處有時只有一個總經理，他可以與各地廠礦的經理直接聯繫或者與中間領導者聯繫；有時還有幾個副總經理，可以用不同的方式分管總管理處的職責。但是，無論在何種情況下，總管理處都需要一個參謀部。參謀部是由一組有精力、有知識、有時間的人組成的，而這些可能正是總經理所缺少的。參謀部是領導者的依靠，是一股加強力量，是領導力量的一種擴大。參謀部的成員不分等級，他們只接受總經理的命令。參謀部的職責是，幫助領導者完成他的個人使命。

地區和地方的領導者。一個具有總管理處的廠礦集團，可以有它的地區或地方機構，如工廠、礦山等實業單位，這些實業單位可分為小型、中型、大型等。在中、小型單位中，經理一般與該單位的各部門領導取得直接聯繫。在大工廠中，經理與技術部門領導人間的聯繫，則常常由一個總工程師來承擔。

指揮

指揮的任務，就是在社會組織建立起來以後，使其人員發揮作用。對每個領導人來講，指揮的目的是根據企業的利益，使下屬員工都做出最好的貢獻。擔任指揮工作的領導者，應做到以下八點：

一、對自己的員工要有深入的瞭解

不管領導者處於哪個級別，他能直接指揮的部下總是很少的。因此，領導者必須瞭解他的直接部下，知道對每個人能夠寄予多高的期望和信任。這種瞭解是需要時間的。部下的職位越高，他們的職能將把他們分離得越遠，這種瞭解就越難。如果高級人員的職務不穩定，就更難瞭解下級。而對於那些非直接下屬，領導者只能透過中間環節，進行瞭解。

二、淘汰沒有工作能力的人

為了提高效率，使本單位處於良性循環狀態中，領導者應該淘汰那些不能適應自己工作的成員。淘汰工作不僅是必要的，也是正確的。領導者是整體利益的裁決者與負責者，因此，為了整體利益，他應該能夠及時地執行這項措施，儘管這是不容易完成的。

為了使淘汰工作能順利進行，領導者應以親切的態度來處理這件事，對被淘汰者在物質上和榮譽上的損失應予以補救，並使社會組織的其他成員對自己的前途感到放心。

三、深入瞭解企業與員工之間的協定

企業與員工之間的關係，是透過協定來建立的。因此，領導者應監督協定的執行情況。在這個過程中，領導者產生了雙重作用：一是在員工面前，他要維護企業的利益；二是在老闆面前，他達到維護員工利益的作用。為了很好地完成這種任務，領導者需要有正直的品性、機敏的頭腦、強烈的責任感和堅強的毅力。

四、定期對組織進行檢查

對管理機構進行定期檢查，是非常重要的，但這樣做的人卻很少，其原因主要是：首先，領導者沒有把應採用的典型檢查方式很好地確定下來。其次，與人打交道需要花費很多的時間、方法和精力。最後，在人事問題中，人事的變動應該以領導者的高度責任感為基礎。

為了使定期檢查變得容易，可以在檢查中使用一覽表。一覽表表示企業管理人員的等級鏈，並註明每個人的直接領導者和直接下級。這種一覽表在一個確定時間，能夠對企業組織結構進行逼真的描繪。還可以對一覽表進行縱向比較，兩種不同日期的一覽表顯示，在這兩段時間裏，組織結構方面所發生的變化。

五、領導者要做很好的表率作用

領導者有權讓下屬服從自己，但是，如果這種服從只是出於怕受懲罰，那麼，企業的工作可能很難搞好。只有領導者做出好的榜樣，員工才能心甘情願地服從。

六、不要把精力都耗費在細節上

很多領導者常有的嚴重缺點，就是在工作細節上耗費大量的時間和精力，因此，領導者應該把那些不必非要自己去做的工作，交給部下或參謀去做。**作為一個領導者，應該事事都瞭解，但這不表示他得事事都參與。**領導者不應該因小失大，應該把工作做到面上，而不是點上。

七、會議與報告

一個聰明的領導者，要善於利用會議與報告。在會議上，領導者可先提出一個計劃，然後徵求每個人的看法，對計劃進行修改與補充，最後再證實一下自己的命令是否被大家理解了，而且每個人是否都明白自己應做的那部分工作。這樣做，會提高資訊傳播速度，達到事半功倍的效果。領導者應對企業進行全面的瞭解，在小單位，領導者應直接去瞭解，而在大單位則只能間接地去瞭解。書面彙報和口頭彙報是監督與控制工作的補充，對於大企業的領導者來說，這兩種方式是非常重要的。

八、在員工中保持團結、積極、創新和效忠的精神

領導者應先對部下的條件和能力有個大概的瞭解，在他們的才能範圍內，交給他們盡可能多的工作。這樣下屬就可以很好的發揮自己的新創精神，更好地為企業盡力。當然，這需要冒一定的風險，因為部下可能會犯下致命的錯誤。

協調

協調的目的是使企業的一切工作能夠和諧的配合，保證企業經營的順利進行。協調能夠使各職能社會組織機構和物資設備之間保持恰當的比例，這種比例適合於每個機構有保證地、經濟地完成自己的任務。例如，財政開支和財政收入保持一定的平衡；工廠和成套工具的規模與生產需要成一定的比例；材料和產品成一定的比例。協調就是在工作中做到先主後次。總之，**協調就是讓事情和行動都有合適的比例，也就是方法要適用於目的。**

如果一個企業的各項工作非常協調，就會出現以下的效果：

一、每個部門的工作都能與其他部門步調一致，供應部門知道本部門在什麼時候應該提供什麼；生產部門知道它的生產目標是什麼；維修部門能夠保持設備和整套工具處於良好狀態；財務部門要提供必要的資金；安全部門保證整個企業的財產和人員的安全。

二、在各部門內部，各個分部及所屬單位之間，都能瞭解在完成共同任務時應承擔哪些工作，而且相互之間能夠很好的合作。

三、各部門及所屬各分部的計劃，應經常隨著情況的變動而調整。

控制

在一個企業裏，控制就是要證實一下各項工作都與已定計劃相符合，並且與下達的指標及已定規則相符合，對人，對物，對行動都可以進行控制。控制的目的是指出工作中的缺點和錯誤，以便加以改正並避免重犯。

控制的作用有很多，一般從以下幾方面表現：

首先，從管理角度看，控制應確保企業制定並執行計劃，而且還要及時對計劃加以修訂；控制應確保企業組織完整；人員一覽表得到應用；指揮工作符合原則等。其次，從商業角度看，應確保物資進出確實按照品質、數量和價格來進行檢查，而且要做好倉庫記錄工作和嚴格遵守合約。再次，從技術角度看，應注意記錄工作進展情況，取得的成績，工作中的不平衡現象，人員和機器的工作情況等。然後，從財務角度看，對帳冊、現金、收入、需求和基金使用情況都要進行控制。再來，從安全角度看，所採取的安全措施應能保證財產和工作人員的安全。最後，從會計角度看，應確保必要報表能夠及時上交，而且能清楚反映企業的情況。控制工作做得好，對管理工作就會產生良好協助作用。

因此，應該對企業進行有效的控制，而為了達到這種控制，就應在有限的時間內及時進行，並要伴隨相應的獎懲。在某些情況下，如果控制工作太多、太複雜、涉及面太大，就應該由一些專職人員來做。

《科學管理原理》

弗雷德里克・溫斯洛・泰勒：科學管理之父

科學管理的根本如同節省機器一樣，其目的在於提高每一個單位的勞動產量，提高勞動生產率。

——泰勒

弗雷德里克・溫斯洛・泰勒（Frederick W. Taylor，一八五六—一九一五），西方古典經濟管理理論的主要代表，科學管理理論的創始人。由於在科學管理方面所做出的突出貢獻，他被人們譽為「科學管理之父」。

泰勒於一八五六年出生在美國費城一個富裕的律師家庭，曾在法國和英國讀過書，後來考上哈佛大學法律系。但由於泰勒十分刻苦，視力和聽力受到損害，最後不得不輟學。

離開學校後，泰勒先後從事過機工學徒、廠總技師和總工程師。

一八九八—一九〇一泰勒受雇於賓州的貝瑟利恩鋼鐵公司，從事管理諮詢方面的工作。在此期間，他在大量實驗的基礎上，逐漸形成了自己的科學管理思想。退休後，泰勒開始寫作，並到哈佛大學演講，以宣傳自己的管理理論。

泰勒的主要著作有：《科學管理原理》、《工廠管理》、《科學管理》、《論傳送帶》、《效率的福音》、《製造者為什麼不喜歡大學生》等。

在《科學管理原理》一書中，泰勒認為，管理的真正目的是使勞資雙方都得到最大限度的利益，科學管理是建立在勞資雙方利益一致的基礎上的，他要求企業的每一個成員充分發揮最高的效率，爭取最高的產量，實現最大的利益。這個定義，既闡明了科學管理的真正內涵，又綜合反映了泰勒的科學管理思想。

本書主要寫了科學管理的基本思想、基本內容以及科學管理的具體方法。在現實生活中，這些管理思想仍然被不斷運用，深刻理解這些思想，是我們進入管理學之門的有效途徑。

科學管理的基本思想

專業分工思想

泰勒的專業分工思想，主要表現在以下兩個方面：

一、**工人的勞動分工**

也就是說，根據每個工人的體力和智力方面的因素，合理地對他們進行分工，讓他們能夠在自己的強項上施展自己的才華，充分展示出自己的最佳狀態，進而達到提高整個企業生產效率的目的。

二、**管理職能的分工**

首先，把管理職能和作業職能（計劃職能與執行職能）分開，把管理職能從生產活動中分離出來，使之成為一項專門的工作，並由受過專門訓練的人來擔任這項工作。其次，對管理人員還要進行職責分工，使每個管理人員都只執行某一項或某幾項特定的管理職能，並使最高管理者只承擔企業重大或例外事項的處理，以明確責任，提高管理效率。

標準化思想

標準化，主要是指操作方法的標準化、作業量或作業速度的標準化和作業條件的標準化。標準化思想是與最優化思想密切結合著的，最優化思想的貫徹為提高生產效率找到了科學的方法，標準化思想的貫徹則是把科學的方法和條件形成管理的要求，進而使之順利實施。

最優化思想

最優化，是指在企業生產過程中的最優化，即在標準的生產條件下，尋求一種最優的工作方法，使生產效率達到最優化。泰勒提出，時間研究的目的在於確定最優的工時定額；動作研究的目的在於尋求一種達到最優工時定額的最優操作方法。他認為，將這兩項研究運用到生產過程中，就能達到最優的生產效率。

「經濟人」思想

所謂「經濟人」，是指人的行為動機是為了追求個人的經濟利益最大化：企業主的欲望是追求最大的利潤，工人的欲望則是追求最高的工資。泰勒認為，人的天性是趨向於輕鬆隨便的，普通人（無論從事哪種行業）都趨向於慢慢騰騰、不慌不忙地工作。因此，他主張實行差別計件工資制度，企圖用多勞多得的誘因，來刺激工人提高生產效率。從某種意義上說，他改革作業管理制度的一個直接目的，就是為了消除工人「磨洋工」的現象。

科學管理的基本內容

泰勒認為，科學管理的基本內容主要分為三個方面：分別是作業管理、組織管理和管理哲學。

作業管理

作業管理是泰勒科學管理的基本內容之一，它由一連串的科學方法所組成。

一、制定一個標準

透過多年的管理實踐和經驗總結，泰勒認為，管理當局應該制定出一個定額或者說是標準。這需要由定額制定部門來設計各種工作，並把工作分解為各項要素，為每一要素制定出定額。這樣，就把定額的制定，由原來的以估計和經驗為基礎，改變為以科學策劃為基礎。

二、制定科學的工作方法

泰勒認為，科學管理的中心問題是提高勞動生產率，科學管理的根本，如同節省機器一樣，其目的在於提高每一個單位的勞動產量，提高勞動效率。人的潛力是巨大的，透過制定各種標準，來指導生產、改進生產管理。具體地說，就是要做到以下幾點：

有標準作業條件。要對每個工人提供標準的作業條件（從操作方法到材料、工具、設備），以保證他們能夠完成標準的作業量。

明確規定作業量。對企業所有人員，不論職位高低，都必須明確、詳細的規定他的任務，並且，這個任務不能被輕而易舉的完成。泰勒認為，在一個組織完備的企業裏，作業任務的難度應當達到非第一流工人不能完成的地步。

完成任務者給予高工資，完不成任務者要承擔賠償責任。如果工人按照標準完成了規定的作業量，就要付給他高工資，以示獎勵，但是，如果完不成任務，他就要承擔由此造成的損失。

三、對工人進行科學的挑選和培訓

為了挖掘員工的最大潛力，必須做到人盡其才。每個人具有不同的潛力，適合不同的工作，為了最大限度地提高生產率，對某一項工作，必須找出最適宜做這項工作的人，同時還要最大限度地挖掘這個人的潛力，進而達到最高效率。因此，對任何一項工作必須要挑選出「第一流的工人」。這個第一流的工人就是最適宜的人，因為只有最適宜才能達到第一流。重活讓力氣大的人做，而精細的活找細心的人來做，然後再對第一流的人利用作業原理和時間原理進行動作優化，使其達到最高效率。

四、實行具有激勵性的差別工資報酬制度

泰勒對以前的工資方案和管理方式十分不滿，認為它們不能很好地激發員工的工作積極性，不能滿足效率最高的原則。於是，他在一八九五年提出了一種具有很大刺激性的報酬制度——「差別工資制」：員工做得越多，拿的報酬也就越多。這樣，員工的積極性得到很大的提高，企業的生產效率也上去了。這種制度是根據員工完成定額的不同，而採取不同的工資率。如果員工沒有完成定額，全部工資均按「低」工資率付給（正常工資的八〇％），如果員工超過定額，全部工資將按「高」工資率付給（正常工資的一二五％）。透過這種方式，來鼓勵員工完成甚至超過定額。

組織管理

泰勒對組織管理的貢獻是巨大的。

一、劃分計劃職能和執行職能

泰勒在管理組織方面進行的第一項改革，就是按照職能分工的原理，對計劃職能和執行職能加以明確劃分，並相應地設立計劃（管理）機構。

泰勒把計劃的職能和執行的職能分開，改變了以往憑經驗工作的方法，而代之以科學的工作方法，以確保管理任務的完成。

泰勒認為，科學的方法就是找出標準、制定標準，然後按標準辦事。而這一連串的工作，應有專人來負責，因為不論從哪個方面講，員工是不可能完成這一工作的，所以就必須把計劃職能和執行職能分開。計劃職能歸管理當局，並設立專門的計劃部門來承擔。

計劃部門從事全部的計劃工作並對員工發佈命令，其主要任務是：

- 進行調查研究並以此作為確定定額和操作方法的依據；
- 制定有科學依據的定額和標準化的操作方法和工具；
- 擬定計劃、發佈指令和命令；
- 把標準和實際情況進行比較，以便進行有效的控制。

在現場，工人或工頭從事執行的職能，按照計劃部門制定的操作方法的指示，使用規定的標準工具，從事實際操作，不能僅憑自已的經驗自行其是。

計劃部門的職責，包括了企業生產管理、設備管理、庫存管理、成本管理、安全管理、技術管理、勞動管理、行銷管理等各個方面。

計劃職能與執行職能的分開，實際是把管理職能與執行職能分開，因為，計劃的最終目的是管理。**所謂「均分資方和勞方之間的工作和職責」，實際是說讓資方承擔管理職責，讓勞方承擔執行職責。**實行職能工長制泰勒把這種管理方法作為科學管理的基本原則，這也使得管理思想的發展向前邁出了一大步，將分工理論進一步拓展到管理領域。

二、實行職能工長制

泰勒在管理組織方面進行的第二項改革，是按照職能分工的原理，對管理職能進一步加以劃分，就是按照職能分工的要求，設立八名職能工長，他們分別是作業程序工長、操作指令工長、成本工長、紀律工長、工作指導工長、速度工長、維修工長、品質檢驗工長。這八種工長四名在工廠，四名在計劃室。

這種職能工長制度，有很多優點，每個工長只負責某種職能，有利於培訓，管理人員的職能明確，有利於提高效率，並且可以降低成本。

但是，這種管理組織形式，違反了統一指揮的原則，容易造成多頭管理，引起混亂。在實行職能工長制的條件下，每個職能工長都有權在自己的職責範圍內對工人下達指令，這樣，每個工人每天可能不止從一個工長那裏得到命令，結果，必然要導致生產指揮上的混亂局面。因此，這種制度在實際中並沒有得到推廣。然而，泰勒提出的管理職能的分工思想，卻是人們公認的正確的管理思想。

三、例外原則

例外原則，就是指企業的高級管理人員把一般日常事務授權給下屬管理人員處理，而自己保留對例外的事項（一般也是重要事項）的決策權和控制權。這種原則至今仍然是管理原則中極為重要的原則之一。

泰勒認為，經理們應該接受那些經過壓縮、總結、而且是對照性的報告，但這些報告要包括管理上的一切要素在內。這樣，只要幾分鐘時間，經理就可以對事態有個全面的瞭解，騰出時間來考慮更為廣泛的大政方針。

實行例外原則，企業領導人就可以擺脫日常瑣碎事務的困擾，而將精力集中於企業的重大決策。其結果，便形成企業管理者的不同階層之間的分工：

- 企業最高管理階層，只負責處理企業的大政方針；
- 企業的計劃部和各個職能管理人員負責處理企業的日常事務。

如果說職能工長制的建立，是企業管理職能的橫向分工，那麼，例外原則就是企業管理職能的縱向分工。把管理的橫向與縱向兩個方面的職能分工結合起來，便形成了企業內部管理職能分工的完整體系。

管理哲學

科學管理是一種改變當時人們對管理實踐重新審視的管理哲學。泰勒認為，從實質上來看，科學管理主要包含著要求在任何一個具體機構或工業中工作的工人，進行一場全面的心理革命，也要求管理人員進行一場全面的心理革命，要求他們在對待管理部門的同事、工人和所有日常問題的責任上，進行一場全面的心理革命。沒有雙方的這種全面的心理革命，科學管理就不能存在。

科學管理的方法

泰勒針對當時美國企業所存在的問題，提出了許多管理措施和管理方法，主要有：

普遍推行定額管理

在當時美國的企業中，普遍實行經驗管理，資本家不知道工人一天到底能做多少工作，卻總嫌工人工作少，拿工資多，於是就延長勞動時間、增加勞動強度。而工人，也總是想少工作多拿工資。當資本家提出加大勞動強度，工人就用「磨洋工」，消極對抗，這樣下來，勞動生產率當然很低。作為由普通工人提拔上來的管理人員，泰勒對上述情況瞭若指掌，於是就把制定定額、實行定額管理作為企業科學管理的首要措施。

企業需要設立一個制定定額的部門或機構，這不僅有利於管理，而且在經濟上也是合算的。透過各種試驗和測量，進行勞動動作研究和工作研究，確定工人「合理的日工作量」，即勞動定額。根據定額完成情況，實行差別計件工資制，使工人勞動量與工資高低緊密結合。

實行差別計件工資制

透過長時間的調查和研究，泰勒提出了差別計件工資制的方案，主要包括以下三部分的內容：

一、設立專門的制定定額部門

設立專門的制定定額部門，運用科學的方法，制定合理的勞動定額和恰當的工資率。

二、制定差別工資率，對同一個工作，設定兩個工資率

採用這種差別工資制度，就是按照工人是否完成定額而採用不同的工資率。如果工人達到或超過定額，就按高的工資率支付報酬，即為正常工資的一二五%，以資鼓勵；如果工人沒有達到定額，就按低的工資率付給，為正常的八〇%。這樣，就能形成多勞多得、少勞少得的企業文化，提高員工的積極性。

三、工資付給工人而不是付給職位

工資的支付對象是工人，而不是職位和工種，也就是說，工人的工這資是按照他的實際貢獻來確定的，而不是根據他所處的職位來計算的。

每個人的工資，盡可能地按他的技能和所付出的勞動來計算，而不能按他的職位來計算。要鼓勵每個人的上進心，要對每個人在上班、出勤率、誠實、快捷、技能及準確程度方面做出系統的記錄，然後根據這些記錄不斷調整他的工資。

差別計件工資制，對提高工人的積極性的效果是顯著的。當工人們覺得自己受到的待遇是公正的時候，就會變得坦率和誠實，也會更加愉快地工作，這樣，就使工人和雇主之間建立融洽的關係，有利於提高工作效率。

挑選第一流的工人

挑選一流的員工，是泰勒為企業的人事管理提出的一條重要原則。人具有不同的天賦和才能，只要工作合適，都能成為第一流的工人。「第一流的工人」，指的是那些體力或智力適合於自己的工作，並且願意做、肯做的人。挑選第一流工人，就要把合適的人安排到合適的職位上，只有做到這一點，才能充分發揮每個人的潛能，提高勞動生產力。

在培訓第一流工人的過程中，管理人員的主要責任是：

- 發現每一個工人的性格、脾氣和工作表現，找出他們的特長；
- 研究每一個工人向前發展的可能性，並且對他們進行訓練和指導，為他們提供發展的機會。這樣，就能使工人在公司裏，從事最有興趣、最有利、最適合自己的工作。這種科學地選擇與培訓工人並不是一次性的行動，而是在日常工作中逐步進行的，靠的是管理人員與工人多接觸，多瞭解。

實現標準化管理

泰勒認為，在科學管理的情況下，要用科學知識代替個人經驗，一個很重要的措施就是實行工具標準化、操作標準化、勞動動作標準化、勞動環境標準化等標準化管理。只有實行標準化，才能使工人使用更有效的工具，採用更有效的工作方法，進而達到最大的勞動生產率。

在這裏，管理人員的主要任務是：

- 把過去工人們透過長期實踐累積起來的知識、技能和訣竅集中起來；
- 對它們進行篩選整理，編成表格，然後概括為規律和守則，甚至是數學公式；
- 將這些規律、守則、公式在工廠中執行。

不但如此，管理這門學問註定會具有更富於技術的性質。那些現在被認為是在精密知識領域以外的基本因素，很快都會像其他工程的基本因素那樣加以標準化，制定表格，被接受和利用。

泰勒不僅提出了實行各種標準化的主張，而且也為標準化的制定做出了實際貢獻。例如，在金屬切削試驗中，泰勒得出了影響切割速度的十二個變數，及其反映它們之間相關關係的數學公式等，為工作標準化、工具標準化和操作標準化的制定提供了科學依據。泰勒提出的這些切實可行、效果卓著的具體管理方法，蘊含著極其深刻的、睿智的管理理念與思想。所以，即使在今天，這些思想仍然發揮著巨大作用，現代管理科學學派可以說是泰勒科學管理思想的延伸。

《社會與經濟組織理論》

馬克思・韋伯：組織理論之父

一個職員無非是一台運轉著的機器上的一個齒牙，整個機器的運轉給它規定了基本固定的運行路線。

——韋伯

馬克思・韋伯（Max Weber，一八六四—一九二〇），出生在德國愛爾福特的一個富裕的家庭，不久遷居柏林。他於一八八二年入海德堡大學攻讀經濟學和法律，以後又就讀於柏林大學和哥廷根大學。一八九一年，他以《中世紀貿易公司史論》的論文獲得博士學位。

韋伯在很多方面都具有天賦，他畢生的精力都花在探求對科學、政治和行動之間關係的理解上面。韋伯不相信什麼領導天賦，認為一個組織只有遵從規章制度，才能長期的生存下去。韋伯的著述數量甚豐且博大精深，從一八八九年之後的三十一年間，他共發表了數十篇論文和巨著。

韋伯與古典管理理論學家法約爾、泰勒並稱為西方古典管理理論的三位先驅，並被尊稱為管理過程學派的開山鼻祖。由於他提出的「理想的」行政管理體制對古典組織理論做出的重大貢獻，所以在西方管理學界，韋伯又被譽為「組織理論之父」。

韋伯的主要著作有：《社會與經濟組織理論》、《新教倫理和資本主義精神》、《一般經濟史》、《社會學論文集》等。

《社會與經濟組織理論》一書，主要是有系統地分析了正式組織結構，全面地闡述了作為資本主義社會的一切大型組織所應具有的基本特徵。本書的中心思想是，把組織看作是由職位和部門的等級結構形成的，每個職位、部門的許可權和職責都是依據合理、合法的原則，按照它在組織中的地位確定的，而每個組織成員的一切職務行為都受到既定的規則的制約。

德國這個後起的資本主義國家，從十九世紀末到二十世紀初，在很短的一段時間裏很快完成了工業革命的過程，資本主義經濟得到了迅猛的發展。並且，以家庭產業為特徵的家族企業也開始向現代的資本主義企業形態轉化，與此同時，各種壟斷組織也相繼出現。到第一次世界大戰前，壟斷組織已遍及採煤、冶金、電氣、化學等各個重要工業部門，因此，需要建立一套新的穩定而高效的，足以與之相適應的管理辦法和組織體制，以為工業的發展提供保證。作為社會學家的韋伯，對此產生了濃厚的興趣，並以淵博的學識與精深的理論素養，提出了一種所謂「理想的」行政管理體制。

在韋伯看來，官僚體制是一種嚴密的、合理的、形同機器那樣的社會組織，它具有熟練的專業活動、明確的職責劃分、嚴格執行的規章制度，以及金字塔式的等級服從關係等特徵，進而使其成為一種有系統的管理技術體系。韋伯認為，官僚體制即使從純技術的角度觀察，也比以往的其他管理體制具有明確的優越性，這主要表現在：第一，準確性；第二，迅捷性；第三，明確性；第四，簡單性；第五，連續性；第六，嚴肅性；第七，同一性；第八，嚴密的服從關係；第九，防止摩擦；第十，人力和物力的節約。由於官僚體制具有上述優點，才能保證它能夠像一架機器那樣靈活地運轉。

隨著社會化生產的進步和資本主義經濟的發展，這種官僚體制自然而然便出現了。韋伯指出，正是資本主義市場經濟的發展要求精細地、不含糊地和不斷地進行管理，並且要盡可能在更廣泛的範圍內這麼做。而這種管理只能採取官僚體制。韋伯認為，在一個現代化國家裏，實際的統治者不可避免的是官僚政治。也就是說，資本主義社會化生產的發展，要求出現一種更嚴密的管理體制與之相適應，這就是管理體制。

事實上，正是這種官僚體制的管理，才真正顯示出資本主義社會化生產的管理，與家族制的或其他生產方式的管理的區別。這種官僚體制不僅適用於經濟領域，而且適用於社會生活的各個領域。韋伯認為，在所有領域（國家、教會、軍隊、政黨、經濟經營體、利益集團、協會、學校、行會、醫院等），現代的團體形態的發展與官僚體制的管理的發展及強大相一致。所以，從這個意義上來講，資本主義社會的發展過程，也是官僚體制的發展和普及的過程。現在，誰也無法否認，離開這種管理體制，包括政治的、經濟的、文化教育的以及其他一切社會領域的活動都將陷入混亂之中，而無法正常地進行。

權利的類型

韋伯對權力進行了一連串的劃分，他認為，任何社會組織都必須以某種形式的權力作為其存在的基礎。他指出，社會與其組成部分，不是透過契約關係或者道德一致而聯結起來的，更多的是透過權力的行使而被凝聚在一起。在那些和諧與遵從秩序地方，權力的權威性從未徹底消失過。也就是說，**人類行為的所有領域都無一例外地要受到權力的影響，沒有一定形式的權力，所有社會組織的活動都不可能正常地運行，進而也就無法達到預期的目標。**權力意味著統治者的命令，影響著被統治者的行為，被統治者必須接受或屈從於統治者的命令，以統治者的命令作為自己的行為準則。

但是，韋伯並不僅僅把權力看作是一種引起服從的命令結構，而是認為被統治者是樂於服從的，就好像被統治者有一種聽天由命的觀點，認為根據統治者的命令做出行動是自己的職責。他還認為，命令應該被作為一種正當的形式被接受，而不能輕視它。所以，在韋伯看來，統治是一種合法的權威，也就是說，統治者的權力是以正當的形式被他的服從者所接受，進而會被社會所認可，成為一種合法的權威。從這個意義上來說，存在著以下三種純粹形態的合法的權力：

領袖超凡魅力型的權力

這種類型的權力，是以對某個具有高尚品德的英雄或具有某種天賦的人物的崇拜和熱愛為依據的。對這種權力的服從，是基於追隨者對這種領袖人物的信仰，而不是基於某種強制力量。因而，領袖人物必須盡力把自己裝扮成救世主、預言家或者英雄，透過這種方式，使服從者信賴自己和追隨自己，維持其統治的穩定性。另一方面，**這種領袖人物也必須不斷地以其奇跡之舉或英雄行為來回報追隨者，不斷鞏固自己的地位。這種領袖超凡魅力型權力，與傳統型權力的不同之處在於，它既不能依靠傳統的慣例，也不能依靠職位的保障，而只能依靠領袖人物的英雄行為和信徒們的信仰，而一旦信徒們對其喪失了這種信仰，這種權力就會崩潰，領袖也就不再具有權力。**信仰是建立在自願的基礎之上的，是不能被強制的，而傳統型的權力和法理型的權力都排除不了暴力的陰影。也正是由於這一點，韋伯認為，這種類型的權利不能作為穩固的政治統治的基礎。因為，感化的力量不會持久，驚人之舉也不會經常發生，因此，**任何持久的政權都不能靠它的公民們對偉大人物的信仰去維持，否則，對未來的設想可能只是空中樓閣。**

傳統型的權力

這種類型的權力，是以不可侵犯的古老傳統和行使這種權力的人的正統地位為依據的。對這種權力的服從，實際上是對擁有這種不可侵犯的正統地位的個人的服從，也就是說是對地位的服從，而不是對某一個特殊的人物的服從。族長制是傳統型權力的最重要的表現形式。在這裏，人們對於族長首領的服從，並不是建立在某種成文規範或既定程序的基礎上，而是建立在對個人的盲目忠誠的基礎上。實際上人們也寧願遵從習慣，而不願遵守法律。另外，世襲制也是傳統型權力的主要表現形式。世襲制統治者的權力是任意的。那些處於被統治者地位的臣民，會忠實地遵照統治者的意旨行事，而不去過問這些意旨的正確與否，或者明明知道它是錯誤的，也不敢違抗。在這裏，統治者擁有著絕對的、沒有約束的權力。不過，實際上他們的行動仍然受慣例和世俗的支配，在他們看來，傳統是不可侵犯的，而所謂的法律、制度都是可以隨時改變的。總的來說，**人們對傳統權力的服從，是基於統治者佔據的統治地位，而統治者行使權力則受著傳統的制約。假如統治者不顧人們的要求，違反歷來被遵守的傳統規則，那麼，他將有失去統治地位的危險。**

法理型的權力

這種權力是以合理性、合法性或已被提升為指揮者的權力為依據的。假如說前兩種類型的權力都是歸於個人——不論是族長、君主，還是救世主與革命領袖，而法理型的權力便是歸於法規，歸於由全體人們制定並要求每個人都遵守的規章。對這種權力的服從，事實上是對在合理基礎上建立起來的客觀秩序的服從。假如把這種服從延伸到行使權力的個人，則只是基於他在組織內所處的地位，因此這種服從也只是對依據法律建立起來的等級制度所規定的職位的服從。而不是搞個人崇拜。所以，這種權力是合法的，其範圍是由行使權力的人所處的職位來嚴格限定的。在這裏，所有人的行為都必須以法律為依據，行使權力的人——官僚也只是法規的執行者，而不是法規的制定者，他只能透過法律來執行自己的權力，維護自己的地位，而不能凌駕於法律之上。在韋伯看來，現代國家的官僚都只是某種更高政治權力的僕人，比如，經過選舉的政府和它的部長們，都是這樣。但是，這些經過人民選舉的官僚們，並不能總是把自己置於正確的位置上。實際上，官僚們並不總是按照他們應當遵循的方式行事，而常常試圖擴大自己的權力，滿足自己的虛榮心或者中飽私囊。他們不是作為一個忠實的僕人去行事，而是力圖成為自己管轄的部門的主人。

由上面的內容可以看出，三種不同類型的權力都依據不同的基礎，建立起對權力的服從關係：

- 傳統型的服從我，因為人們一直這樣做。
- 個人魅力型的服從我，因為我能改變你們的生活。
- 法理型的服從我，因為我是你們的法官。

在韋伯看來，在這三種類型的權力中，傳統型的權力的管理均按相傳已久的傳統行事，其領導人只是因襲既往的傳統進行管理，並且他也只是保持這種傳統來進行管理。不僅如此，由於這種領導人不是根據個人的能力而當選的，所以依據這種類型的權力進行的管理必然是缺乏效率的。領袖魅力型權力的管理，帶有十分濃厚的神秘色彩，它主要依靠感情和信仰，而否定理性，只靠某種神秘的啟示行事，帶有某些迷信思想，所以也是不可取的。只有法理型的權力才可以作為理想的行政管理體制的基礎。這是因為，在這種類型的權力中，所有管理人員都不允許帶有任何偏見，也不能感情用事。他必須平等地看待所有的人，而不去過問他們的社會地位和個人身份。所以，它能保持一種慎重的公正；它的所有權力歸於法規，而居於管理職位的人員也都擁有行使權力的合法手段；他的每個管理人員都是經過挑選的，因而都是能夠勝任的；每個管理人員擁有的權力都是按照完成任務的需要加以劃分的，而且限制在明確的範圍之內。因此，只有這種法理型權力才能夠保持管理的連續性和穩定性，能夠保證管理的效率，這一切，決定了它必然會成為現代國家應有的管理體制的基礎。

官僚體制的特徵

在本書中，韋伯提出了「官僚體制」的概念，並指出這是一種「理想的」行政管理體制。「官僚體制」的原意是，這種體制是透過職務或職位進行管理的。「理想的」行政管理體制，只是指它代表了一種「在現實中沒有實際例證」的組織形態，藉以與那些在現實中實際存在的具有各種各樣特殊形態的組織相區別，這並不是說它是在某種意義上是最好的或者是最符合人們某種需要的管理體制。韋伯從實際存在的各種特殊形態的組織中抽象出一種「純粹的」組織形態，這樣做，是為了便於從理論上對它進行分析。

透過以上的分析，我們可以知道，**理想的行政管理體制即官僚體制，既不同於憑藉傳統的力量建立的管理體制，也不同於依據神授的權力與服從者對某種神秘啟示的信仰而建立的管理體制，它是依據權利的合理性、合法性而建立的管理體制。**這種管理體制是由下列因素構成的，或者換一種說法，就是它具有如下的特徵：

建立明確的職能分工

意思就是說，對組織內的全部活動，利用專業化的觀點對其進行職能分工，並根據這種職能分工確定管理職位，詳細規定各個職位的權力和責任範圍。這些規定適用於所有處於管理職位的人。組織內的所有人員都必須擔任一項職務。除了某些必須由選舉產生的職位以外，其他的管理人員都不是由選舉產生的，而是上級直接任命的。並且，所有的管理人員都不是一成不變的，而是可以隨時撤換的。

建立明確的等級制度

組織的職位均按等級制度採用自上而下的順序排列，並且它們共同服從於一個指揮決策中心，進而形成一個嚴密的行政管理等級系列。在這個等級系列中，每個成員都要為自己的決定和行動對上級負責，並且，還要受上級的控制，接受上級的監督；另外一方面，為了使每個管理人員都能完成其所承擔的任務，上級必須給予其相應的權力，使其有權對他的下級發號施令。這樣做，就能維持組織的穩定，並且能夠保證組織強大有力。

建立有關職權與職責的法規和規章

這樣做，是為了把組織中各項業務的運行都納入這些法規與規章之中，同時，要求組織內的每個成員都必須按照這些法規和規章從事活動，組織中的所有人員，不管其職務高低，都必須受統一的法規與規章的約束。也就是說，要使組織中一切人員的職務行為規範化。只有這樣，才能排除業務活動中出現的個人武斷現象，進而保證了各項業務處理的統一性和整體性；同時，它還能夠排除在各項業務活動中的不一致和不連續的現象，進而保證了業務處理的一貫性和一致性，提高整個企業的辦事效率。

所有的管理人員都是根據統一的標準聘用的

對於這些管理人員，組織發給他們固定的薪資，保障他們的應得利益，同時，組織也擁有隨時解雇他們的權力。這樣，才能激勵他們盡心盡力地工作，也有利於培養他們的集體精神，促進他們為集體的發展和組織的利益做出貢獻。管理人員的升遷與報酬都有明文規定，一般以工作業績與工作年限為標準，當然，還與他們的個人能力密切相關。

組織的每個成員都必須克盡職守，以主人翁的態度忘我工作

組織中的成員必須將個人感情排除在外，以超脫與理智的態度處世，進而保證組織內人與人之間都是一種非人格化的關係，換句話說，就是保證組織內人與人之間都只是職務關係，而不是個人之間的社會化關係。組織建立起這種非人格化的關係，能夠保證其成員的一切行為都服從於一個統一的理性準則，以便客觀的、合理地判斷是非，決定問題。這樣做，不只是為了提高組織活動的效率，還是為了防止組織內人與人之間可能發生的摩擦，進而維持一種和諧的工作關係，藉以保證組織的整體真正能夠經常地像一架機器那樣協調、準確地運行（當然，在當今社會，韋伯的這種管理觀點是行不通也是不現實的，但是，在某個特殊的時期，它確實發揮了巨大的作用）。

業務的處理與資訊的傳遞均以書面形式為准

即使對於那些可以透過口頭方式聯繫的業務活動，也不能以這種方式做最後的處理，而必須透過如指示、申請、報告等各種符合規範的書面檔案形式來處理。這樣，既能保證業務處理的準確性，還能防止個人處理業務時可能出現的隨意性與模棱兩可的態度，進而保證組織的各項業務活動的規範性，以利於各項業務的順利開展。

組織內的一切職務均由受過專門訓練的專業人員擔任

對於這些人員的選拔和提升，也均以其技術能力為依據。由於組織內部所有職務都是按照職能分工的原則確定的，因此，要求佔據某項職務的人員必須具有相應的技術能力。而要做到這一點，就必須透過公開的考試來選擇和錄用人員，錄取的標準是，看這人是否具有相應的技術能力。由於組織有了明確、合理的分工，並且配備了訓練有素、敬業的專業人員，所以，組織的各項業務活動都能夠準確、持續協調、快速高效地運行，組織也能夠長期穩定地發展下去。

在最後部分，韋伯提到，由於理想的行政管理體制具有上述的特徵或優點，因此，它無疑能夠適應現代所有的大規模社會組織。實踐經驗也顯示，這種理想的行政管理體制能夠獲得最大程度的效率，並且能夠保證對員工實行最合理的控制。此外，由於這些特點，使得理想的行政管理體制能夠保證企業實現最大的穩定性、準確性、紀律性與可靠性。

《工業文明的社會問題》

喬治・愛爾頓・梅奧：行為管理學派的創始人

刺激員工的最好辦法是：對他們進行表揚，並且提高他們的生活水準。

——梅奧

喬治・愛爾頓・梅奧（George Elton Myao，一八八〇—一九四九），美國著名管理學家，行為管理學派的創始人和最主要的代表人物。梅奧於一八八〇年出生在澳大利亞，曾先後獲得過澳大利亞阿福雷德大學的邏輯學和哲學碩士學位，畢業後應聘至昆士蘭大學講授邏輯學和哲學。

一九二二年，梅奧在洛克菲勒基金會的資助下，移居美國，後加入美國國籍。梅奧在賓州大學沃頓管理學院任教其間，曾運用完形心理學的概念，對產業工人的行為進行解釋，並指出影響工人的行為的因素是多重的，沒有一個單獨的要素能夠產生決定性作用。這為他以後將組織歸納為社會系統的理論的發展，打下了堅實的基礎。一九二七年冬，梅奧應邀參加了開始於一九二四年的霍桑試驗。從一九二七年至一九三六年，他斷斷續續進行了為時九年的兩階段試驗研究。在霍桑試驗的基礎上，他出版了《工業文明的人類問題》和《工業文明的社會問題》兩部名著。梅奧還著有《組織中的人》、《管理與士氣》等。

梅奧在管理學方面的最大貢獻在於，提出了以人為本的管理思想。他認為：行為和群體是密切相關的；群體對個人的行為有巨大的影響；群體工作的標準比金錢等其他因素的影響要大得多。梅奧的組織理論更加注重人的因素，導致了家長式管理的發展。在梅奧之前，西方的許多管理工作者和管理學者，受泰勒的科學管理思想的影響很深，因此，都把管理的著眼點放在組織結構和工作程序的標準化、機械化及自動化，而把人當成是一種機械工具，或者是組織機構上一顆標準化了的「螺絲釘」。

為了檢查不同的照明水準對工人生產率的影響，梅奧參加了著名的霍桑試驗。最後，梅奧等人得出一個重要的結論：群體的社會準則或標準，是決定工人個人行為的關鍵因素。梅奧正是在霍桑試驗的基礎上，寫出了《工業文明的社會問題》這本書。

本書共分為兩部分，第一部分是科學與社會，第二部分是臨床式調研方法。如果說第一部分是提出問題的階段，那麼，第二部分就是解決問題的階段。透過對本書的論述，作者得出了一個重要的結論，那就是：資本主義社會應該重視社會技能和技術技能的同步發展。換句話說，就是要高度重視生產關係的調整，如果一味追求生產力的發展，而忽視生產關係的調整，後果將是無法想像的。

第一部分：科學與社會

第一章：進步的陰暗面

在本章中，梅奧開宗明義地提出了該書的主題：在過去的一個世紀中，世界的物質的繁榮和技術的發展是巨大的，但正是這些繁榮和發展，使人類社會失去了原有的平衡。因為政府在重視科學技術發展的同時，卻忽視了社會和人類自身的發展。根據對資本主義社會的長期考察和研究，**梅奧大膽地斷言：如果社會和技術能夠得到步伐一致的、相互協調的發展，那麼，第二次世界大戰很有可能可以避免。**

在本章中，梅奧還簡單回顧了資本主義世界的發展史，並概述了工業文明的發展史。

第二章：群氓假設及其必然結果——國家專制

梅奧指出，許多世紀以來，「群氓」假設一直是制定法律、組織政府和發展經濟的指導性前提，由此昇華出了「極權國家」的思想。這種國家憑藉至高無上的權威，對「群氓」實施強制性的法治和秩序。那個時代形成的許多理論和教條，與希特勒和墨索里尼的言論如出一轍，毫無二致。公眾就是「群氓」，因此，要保證社會的穩定，必須採取強制性的獨裁統治。這正是希特勒瘋狂思想的基礎之一。

正如本書中所指出的，「進步的陰暗面」旨在喚起對人類社會研究中的失衡現象——過分重視技術和物質方面，而忽視人文和社會方面的注意。而第二章對「群氓」假設的分析，則揭示了西方社會在政治思想和經濟思想領域中的弱點。

如果說本書的第一部分是提出問題，那麼，本書的第二部分則是試圖探索解決這一問題的出路。透過畢生從事工業研究的實踐和經驗，梅奧總結出一套求得資本主義社會和諧發展的方法和途徑。

第二部分：臨床式調研方法

在這一部分，梅奧再次對他參與的兩次著名的工業心理學試驗，進行了深入分析和詳細介紹，在此基礎上得出了自己的結論。在其第一部名著《工業文明的人類問題》的基礎上，他總結出了一些後來成為組織行為學經典性基本內容的原理。梅奧一再強調，以往的經濟學理論在人文方面非常薄弱，並且對這一方面的研究也非常欠缺，有些結論甚至讓人覺得十分荒唐。在那些理論中，人類被描述成一群自私自利、為了爭奪稀缺資源和生存機會而自相殘殺、冷酷無情的遊牧部落群體。梅奧及其同事們認識到這一理論假設的虛妄和謬誤，於是，便開始了對某些特定的人類活動進行研究。梅奧認為，為了提出新的假設代替所謂的抽象的「經濟人」假設，必須先對實際生活中人際關係的複雜性進行深入探討。這就是他所謂的「臨床式調研」。只有進行「臨床」式的研究，才能發展合乎邏輯的治療方案。

第三章：第一次調查

梅奧先介紹了他的第一次調查的過程和結果，按照他的說法，這次調查「徹底否定了那種，認為只有私利才是激勵和推動人類工作的全部動力的觀點」。

梅奧的試驗把人們的認識向前推進了一大步。以往，那些只重視效率的專家們，從「群氓」假設出發，認為工人們關心的只是自身的物質利益，而不會對精神方面有所要求。這些專家們不進行實地考察，不同工人進行面對面的對話，卻主觀臆斷工人的抱怨是誇大其辭或理解力欠缺。結果，他們提出來的刺激工人積極性的辦法，總是不能產生很好的效果。與此相反，梅奧等人把細緻入微地考察和分析工人的工作和思想狀況，作為「臨床」觀察和診斷的重要部分，由此，他們得出了許多令人驚訝的結論，其中有一些在當時甚至是難以解釋的。

第四章：霍桑工廠試驗與西方電氣公司：對訪談結果的進一步評論

接著，梅奧進一步分析了霍桑試驗的結果。但他也在此聲明，這種分析並不能概括哈佛大學工業研究的全部工作，這只不過是個例子而已。

梅奧提出，現代大工業的管理，必須解決以下的三個主要問題或基本任務：

第一，將科學和技術應用於物質資料的生產；

第二，系統化地建立生產經營活動的秩序；

第三，組織工作，其實質是使工人在工作中實現持久的合作與協調。

在一個適應型的社會裏，由於經營環境和自身因素都在不斷的發生改變，因此，組織本身也要不斷重構，以適應社會發展的需要。

在上述三條基本任務中，前兩條歷來倍受人們的重視，並且，專家們已經對此進行了大量的研究和試驗；第三條卻倍受冷落，甚至歷來被人們忽視掉了。但事實卻是，如果這三條不能夠很好地配合，以至於失去平衡，那麼，任何組織都無法獲得總體上的成功。對於一個結構複雜的大型組織來說，成功有賴於全體成員的齊心協力。事實說明，生產的增加不能全部歸功於工作條件的改善，這是因為，物質環境要素變化，同樣也能對生產的增加產生重要的影響作用。

梅奧認為，有兩個因素非常值得研究：第一是如何形成工作團體；第二是如何讓員工在頭腦裏形成參與感。但是，在霍桑試驗第一階段剛結束的時候，人們尚未認識到這一點。那時候，試驗室裏到底發生了什麼變化？試驗室內的環境與工廠其他部分的環境到底有什麼不同？至今仍是個謎。

在霍桑試驗之後，梅奧又進行了十多年的研究，並且取得了許多新的成果。從本書第一章開始，梅奧一再強調科學研究的方法論問題。他認為，存在著兩種研究方法，藉用醫藥方面的語言來說，就是「臨床」式研究和「實驗室」式研究。**「臨床」式研究的目的，在於對事物的本質形成正確的認識，並學會處理實際材料的技能；在此基礎上，對材料進行篩選，挑出那些可以繼續進行更詳細的「實驗室」式研究的資料。**如果隨後的「實驗室」方法，由於排除了某些未知的重要因素而失敗，研究人員應當回到「臨床」式研究階段，以便弄清自己忽略了哪些因素。

當然，研究工作不能停留在這樣粗淺的階段，這是因為，梅奧研究小組的任務並不是試驗精神分析或心理療法，而是進行工業研究。在開始的一個時期裏，訪談內容過於強調個人問題，沒有充分的代表性和典型性——既不能反映工作上團體的情況，也反映不出訪談主持人的態度。因此，這一時期的訪談結果沒有包括在後來的研究報告裏。據估計，在霍桑試驗第二階段進行的約二萬次訪談中，這一時期的訪談所占的比重還不到二%，即四百次左右。儘管如此，梅奧本人仍認為這一時期的訪談是有益的，也是不可或缺的，因為它證實了訪談的巨大作用，同時使研究人員學會了如何處理這類的個人問題。

隨著研究工作的深入發展以及研究經驗的增加，研究組逐步把重點從單純注意個人問題，擴展到同時注意個人和群體的問題，並研究了二者之間的關係。

對於梅奧研究小組來說，最重要的工作是研究群體的存在及其成員之間的相互影響，即人與人之間每日每時的相互關係與相互作用。在通常情況下，工人們總是既談個人問題也談他們所在的群體的問題。

梅奧還引述了當時剛剛出版的《中國進入了機器時代》一書。抗日戰爭時期，中國的許多工業由上海及其他沿海地區遷移到昆明等內陸地區，同時，大批的技術工人也由東部來到內陸地區。這些工人很清楚內遷的工廠離不開他們的技術服務，實際上，他們確實也擁有許多特權。可是他們仍然不滿足，整日牢騷滿腹，不是抱怨餐廳的伙食太差，就是嫌棄住宿條件太糟糕，還經常故意打碎餐廳的餐具，以此來發洩自己的憤怒。然而，在私下裏，這些工人承認，其實工廠給他們提供的伙食已經相當不錯了。那麼，工人們不滿的真正原因是什麼呢？原來，他們真正不滿的是職員與經理、監工之間的緊張關係。

這些工廠中的管理職員，很多是從美國留學歸來的。在美國時，他們學到的正是有關「群氓」假設的理論。在他們眼中，凡是給了物質刺激還不好好工作的工人，就是些製造麻煩的壞蛋。而工人們就會對這種侮辱性的偏見進行報復，以至於故意打碎盤子。顯然，如果接受工人們對伙食的抱怨，然後靜下心來跟他們好好談談，到底該怎樣解決這一問題，就會取得令人意想不到的效果。然而，當時許多企業卻不會這樣做。這一情況不只出現在中國，世界上的好多國家都出現了類似的情況。

從經濟學家的言行來看，他們大都相信「群氓」假設及其合乎邏輯的推理：物質刺激是促使人們努力工作的惟一有效的手段。但是，這種假設和邏輯推理在實質上並沒有反映真實的生活，因而，也就不會具有什麼太大的價值。

另一方面，梅奧研究小組由訪談中得出的結論，也不能簡單地敘述為主張用非理性代替理性，用情緒代替邏輯。相反的，他們的試驗和觀察顯示，必須研究實際狀況而不是迷信已經過時了的理論。令人啼笑皆非的是，那些滿腦子舊時經濟理論、思想僵化的企業家，批判霍桑試驗是脫離實際的「純理論」，這完全顛倒了事實：霍桑試驗不帶任何偏見地重新檢驗了實際情況。倒是那些提出批評的人所奉行的關於「經濟人」的理論，在十九世紀的確風行過好一陣子，但現在早已過時了。

第五章：缺勤與工人流動率

在本章中，梅奧首先提到哈佛大學工商管理學院研究小組在一九三三年至一九四三年間繼續進行的性質大不相同的許多項調查。他們發現，很多小企業在戰時擴大了自己的規模，由數百人迅速膨脹到數千人，在這種情況下，原先的家庭式管理已經不能滿足需要。生產經營的指揮出了問題，儘管人們認識到組織工作很重要——換句話說，就是哪個企業的人際關係處理得好，哪個企業的生產就做得好——但在實際上，人際關係仍然沒有得到足夠的重視，協調人際關係仍然是工業企業管理方面的薄弱環節。一九四三年初，第二次世界大戰依然處於激烈地交戰之中，美國社會上卻出現了普遍的缺勤現象，大批工人隨意曠工，脫離勞動生產職位，這種情況給戰時生產造成了嚴重的後果。透過對這一不尋常的社會現象的周密調查，梅奧獲得了以下三點極為重要的結論，現敘述如下：

首先，在工業企業裏，或者是在任何其他存在人際關係的組織裏，從事管理的人員每天打交道的不應該是被稱為「群氓」的個人，而應該是緊密聯繫、相互協作的群體（也稱為勞動組合）。如果由於各種原因，企業的員工之間還沒有形成這樣的關係，那麼，就會出現一連串不正常的現象，諸如曠工、工人流動率高等。所以，管理人員應該認識到，工人作為「社會人」，其本性或特點之一是在勞動中與其他人進行交往，並與其他人緊密聯結，共同勞動。如果管理人員忽視對人際關係的調整，必然會造成生產中的重大問題。

其次，認為單靠雇用時進行的一連串測驗和面試，就能預測一個工人進廠後的工作表現，進而過早地對這個人進行定型，這種做法是錯誤的。因為它是以主觀臆斷為依據，沒有什麼科學性，是站不住腳的。調查結果顯示，當一個工人進廠後，他同班組其他人的關係如何，在很大程度上將影響這個工人今後的工作表現，並直接關係到他的全部才能的發揮。

最後，經營管理人員一旦拋棄視工人群眾為「群氓」的錯誤觀念，重視企業內部人際關係的良好發展，那麼，他必然能夠取得驚人的戰果。

當然，這些發現並沒有徹底消除，從固定型社會向適應型社會過渡的過程中，所產生的種種尖銳的社會矛盾和問題。但是，只要人們敢於面對現實，進行認真的調查研究，並且不避矛盾，不怕困難，重視企業人際關係的協調，那麼，很多問題都是可以迎刃而解的。遺憾的是，**迄今為止，如何協調好適應性社會中的人際關係，仍然是人類社會所面臨的一項重大問題。**

第六章：僅僅有愛國主義是不夠的，我們絕不能對任何人抱有怨和恨

本章的是全書的核心內容，也可以說是梅奧思想的核心。他大聲疾呼，資本主義社會應該重視社會技能和技術技能的同步發展。換句話說，就是要高度重視生產關係的調整，如果一味追求生產力的發展，而忽視生產關係的調整，將帶來難以估量的嚴重後果。

儘管梅奧並沒有為資本主義社會各種矛盾開出具體的藥方，但他對現代資本主義社會所做的精闢分析，仍然是值得我們注意的，並且時至今日，這些分析仍給我們以啟迪。例如，他在上面提到的社會技能和技術技能同步發展的思想，就對人類的發展有著重要的影響。

梅奧始終認為，現代科學技術雖然得到了極大的進步，但現代社會的人際關係不但沒有隨之改善，反而惡化了。這兩者之間的不協調發展，必然潛伏著巨大的危險。正如梅奧在本章中指出的，近兩個世紀以來，工業文明在促進社會人際關係方面，幾乎是毫無作為。不僅如此，為了保證科學和物質文明的進步，工業文明還有意無意地阻礙了社會協調和合作的發展。換句話說，西方世界在建立適應型社會（這個社會將為每個公民提供高水準的物質享受）的過程中，完全忽視了人際關係的調整——保證每個公民積極地自發地參與建設這樣一個社會的實踐。其後果是有目共睹的，**現代資本主**

義社會創造了高度的物質文明，同時也造成社會上普遍的憤世嫉俗情緒，人們之間的相互猜忌、敵對和仇恨現象非常嚴重。正是這種社會情勢，為希特勒的統治創造了條件。

梅奧強調指出，近年來，教育和政府工作的嚴重缺陷，已構成了對文明世界的威脅。現代文明迫切需要新型的政府領導人，這些人必須公正且客觀，能夠超脫於社會的紛爭之外，並且，他們還要充分瞭解社會人際關係的現狀。這樣一種素質，只有透過嚴格、系統的訓練和教育才能夠獲得。這種訓練和教育，必須包括三項主要內容：掌握科技知識、系統化的指揮能力，以及組織社會合作和協調的本領。

梅奧在本書中始終強調：就目前和不久的將來而言，這三項中的第三點——組織社會的合作和協調，是最為重要的。而今天的大學、企業、政府機構，正好缺少對這一方面的教育和訓練。當然，把這些缺陷歸咎於一個人或一些人，是最容易不過的事情，而要對形成這種缺陷的社會現實進行認真的考察，求得徹底的瞭解，就不是那麼輕而易舉了。但是，後一點卻是最重要的，因為只有做到這一點，才能使我們擺脫目前的困境，為我們引以自豪的文明世界找出前進的方向。

在本書的結尾部分，梅奧再次重申了他的一個重要觀點：如果社會關係和科學技術、生產力等因素得到同步發展，歐洲戰爭本來是可以避免的。最後，他以第六章的標題作為全書的結束語：**「僅僅有愛國主義是不夠的，我們決不能對任何人抱有怨和恨。」**

在某種意義上來說，《工業文明的社會問題》是梅奧對《工業文明的人類問題》一書中提出的觀點的進一步引申和發展，但此時，他的視野更加開闊了，經驗也更加豐富了。梅奧在書中提出的問題，不僅僅局限於工業企業的經營管理方面，實際上還涉及戰後西方資本主義國家的社會和政治方面，涉及現代資本主義的一些根本性問題。因此，雖然此書的內容大部分是二次世界大戰以前的事，但仍不失為研究現代資本主義的不可多得的資料，特別是梅奧對戰後世界發展前景所做的一些預測性分析，今天讀來仍很有新意。

《經理人員的職能》

賈斯特・巴納德：社會系統學派的創始人

經理人員作為企業組織的領導核心，必須具有權威，並且還要會恰當的運用和維護自己的權威。

——巴納德

賈斯特・巴納德（Chester Barnard，一八八六―一九六一），美國高級經理人員和管理學家，西方現代管理理論中社會系統學派的創始人，出生於美國麻塞諸塞州一個貧窮的家庭中。一九〇六―一九〇九年間，巴納德靠勤工儉學讀完了哈佛大學的經濟學課程，卻由於缺少實驗成績沒有得到學位。後來他因在研究企業組織的性質和理論方面做出的傑出貢獻，先後獲得了七個名譽博士學位。

巴納德於一九〇九年進入美國「AT&T」公司工作，一九二七年擔任新澤西貝爾電話公司總經理，一直到退休。在漫長的職業生涯中，巴納德累積了豐富的企業組織經營管理經驗，這為他以後創立社會系統理論奠定了堅實的基礎。

巴納德的主要貢獻是建立和發展了現代管理科學，其代表作主要有：一九三八年出版的《經理人員的職能》和《組織與管理》。其中《經理人員的職能》一書，被譽為美國現代管理科學的經典性著作。

《經理人員的職能》一書，在語言上雖然有些晦澀，但它在管理學發展史上的奪目光輝，仍是無法掩蓋的。這本書成為巴納德的成名作決非偶然，它實際上是巴納德畢生從事企業管理經驗的總結。

組織是一個協作的系統

巴納德獨創性地提出了組織的概念，他認為，組織是一個有意識地對人的活動或力量進行協調的體系，其中最關鍵的因素是經理人員。在此基礎上，巴納德又闡述了正式組織的定義、正式組織的基本要素以及正式組織與非正式組織的關係。

巴納德認為，正式組織是有意識地協調兩個以上的人的活動體系，在這個系統中，不論其規模大小和等級高低，都包含著三個基本要素：協作的意願、共同的目標和資訊溝通。

協作意願

協作意願是所有組織不可缺少的第一項普遍要素，其含義是自我克制、交付出個人行為的控制權以及個人行為的非個人化。

好的組織是一個協作系統。組織成員有協作的意願意味著個人要克制自己，交出自己的控制權、個人行為和非個人化等。沒有這種意願，就不可能將不同組織成員的行為有效地結合起來，協調一致地活動。例如，作為工人，就必須按時上班，嚴格按照工廠機器操作運轉的規律進行，遵守工廠的各項制度，使個人行為非個人化。大多數時候，每個人的協作意願是不同的，同一個人不同時候的協作意願的強度也是不同的，個人並不能自發地產生協作意願。那麼，為什麼很多組織還能正常運轉呢？

個人之所以願意為組織目標的實現而做出個人的犧牲，是因為透過個人的努力和犧牲，能使組織的目標得到實現，進而會有利於個人目標的實現，否則，他就不願意做出努力和犧牲。基於此，巴納德提出了一個著名的關係式：誘因＝貢獻。

所謂誘因，是指組織給成員個人的物質和精神的報酬。所謂貢獻，是指個人為組織目標的實現而做出的貢獻和犧牲。由於誘因和犧牲的尺度通常是由個人主觀決定的，因此，組織滿足這些誘因也是有點困難的。有的人看重金錢，有的人則看重地位，有的人側重於自我目標的實現，對於不同的人，組織要給予不同的激勵。這種在管理中把組織目標與個人目標結合起來的思想，是管理思想發展史上的里程碑。

共同的目標

共同目標是協作系統的第二個普遍要素，是達到願意協作的必要條件。如果組織成員不瞭解組織要求他們做什麼，成功以後他們會得到什麼樣的回報，就不可能誘導出協作的意願來，更不會有好的協作效果。

組織成員對組織共同目標的理解，有協作性理解和個人性理解的區別。協作性理解，是指組織成員脫離了個人立場，而站在組織整體利益的立場上，客觀地理解組織的共同目標。個人性理解正好與此相反，是指組織成員站在個人立場上，主觀地理解組織的共同目標。

這兩種理解常常會發生衝突。在組織的目標比較單純、具體時，發生衝突的機會較小；反之，較大。所以，組織中經理人員的重要任務是，克服組織目標和個人目標的背離，以克服對共同目標的協作性理解和個人性理解之間的衝突。巴納德還指出，組織目標是整個組織存在的靈魂，也是組織奮鬥的方向。但是組織的共同目標不是一成不變的，它應當隨著組織規模的變化、人員的變化、外界環境的變化和發展而隨時調整。另外，組織目標制定的好壞對組織目標能否實現的作用也非常大。

巴納德認為，經理人員在制定組織目標時，應當使之具備綜合性、總體性、清晰性、可分性和層次性等特點。確定組織目標時應遵循靈活性與一致性結合的原則，要有一定的可能性，同時也要有一定的挑戰性。

資訊溝通

作為第三要素，它使前兩個要素得以動態地結合。所有活動都以資訊交流為依據，個人協作意願和組織共同目標，只有透過資訊溝通才能結合和統一起來，內部資訊交流是實現組織目標的基礎。

巴納德認為，決定資訊交流系統的因素主要有：

■ 資訊交流的管道要為組織成員明確瞭解；

- 組織的每一個成員都有一個明確的、正式的資訊溝通管道，即每一個成員必須向某個人作報告或從屬於某人；
- 資訊交流的管道必須盡可能地直接或簡潔。

資訊交流和資訊傳遞有正式和非正式、書面與口頭等不同的方式。很多情況下，資訊往往要經過若干環節才能到達最終需要者手中，在這個傳遞的過程中，不管是有意還是無意，都可能會產生資訊的失真和誤導。管理者必須採用各種手段糾正資訊失真，譬如讓資訊表達的清楚明瞭、縮短資訊傳遞路線、採用先進的科學技術等等。

相對於正式組織，巴納德還討論了非正式組織與正式組織的關係。非正式組織即為不屬於正式組織的一部分，並且不與管轄它的有關的人員相互作用。非正式組織沒有正式的結構，成員之間的關係非常鬆散，常常不能自覺地意識到共同的目的，而是透過與工作有關的接觸或者是共同的興趣愛好產生的，並因而確立了一定的習慣和規範。非正式組織可能對正式組織產生某些不利的影響，但它對於正式組織至少產生了以下三種積極作用：

- 資訊交流；
- 透過對協作意願的調節，維持正式組織內部的團結；
- 維持個人品德和個人的自尊心。

非正式組織常為正式組織創造條件，成為正式組織不可少的部分，其活動使正式組織更有效率。

經理人員的職能

巴納德認為，經理人員的作用就是在一個正式組織中充當系統運轉的中心，並對組織成員的活動進行協調，指導組織的運轉，實現組織的目標。據此，他認為經理人員的職能，主要有三個方面：

從組織成員那裏獲得必要的服務

經理人員要透過自己的有效管理，使組織中的成員有能力達成共同目標，而且能進行有效的協作，做出他們的貢獻和努力；能招募和選拔能最好做出貢獻並協調經理進行工作的人員；以及採用巴納德稱之為「維持」（如「士氣」的維持，誘因的維持，監督、控制、檢查、教育、訓練等因素的維持）的各種手段，以此來維護協作系統的生命力。

規定組織的目標

關於組織的目標，在巴納德看來，有這樣幾個方面：第一，在一個經常變動的環境中，透過對一個組織內部物質、生物、社會等各種因素複雜性質的平衡來保證組織的生存和發展；第二，檢驗必須適應的各種外部力量；第三，對管理和控制正式組織的各級經理人員的職能予以分析；第四，決策；第五，授權。**授權是一種決策，這種決策包括所追求的目標和達到這些目標的手段。**其結果是在協作系統內部對各種不同的權力和責任加以安排，以使組織的成員知道，他們怎樣才能為所追求的目標做出貢獻。至於決策本身，則包括兩個方面：分析與綜合。分析是尋找能使組織目標得以實現的戰略因素；而綜合則是認識到組成一個完整系統的各個要素或部分之間的相互關係。

建立和維持一個資訊交流暢通的系統

巴納德認為，管理的資訊系統猶如人體的神經系統。要使組織的各個部分能在統一的指揮下開展活動，以達到組織的共同目的，就必須建立有效的資訊系統。為此，經理人員必須規定組織的任務，闡明權力和責任的界限，並考慮到資訊聯絡的正式手段和非正式手段兩個方面。非正式手段的資訊交流可以提出和討論問題，而不必做出決定和加重經理人員的工作，可以使不利影響減低到最小程度並強化符合組織目標的有利影響，所以有助於維持組織的運轉。

經理人員的權威

巴納德除了研究經理職能的理論外，還深入研究了經理人員的權威問題。他強調指出，經理人員作為企業組織的領導核心，必須具有權威。在他看來，權威存在於組織之中。或者說，權威是存在於正式組織內部的一種「秩序」，一種資訊交流的對話系統。假如經理人員發出的指示得到執行，在執行人的身上就表現了權威的建立。執行人若違抗指示則說明他否定這種權威。因此，巴納德強調權威由作為下級的個人來決定，給予了一種自下而上的解釋。也就是說，判斷指示是否具有權威性，檢驗的標準是接受指示的人，而不是發佈指示的經理人員。

巴納德反覆強調下屬參加協作的重要性，認為只有在符合以下條件時，下屬才會樂意承認上級的權威：其一，他能夠並真正理解指示；其二，在他做出接受指示的決定時，他相信該指示與組織的宗旨是一致的；其三，他認為指示與他的個人利益是不矛盾的；其四，他在體力上和精神上是勝任的。

對此，巴納德做出了具體的解釋：

第一，無法被人理解的指示，不可能具有權威性。例如，發佈一些語言晦澀，令人費解的指示，或者只羅列一些空洞的原則，沒有具體的執行細文。在這種情況下，執行人的態度只能是不予理睬，或者敷衍塞責、應付了事。第二，當執行人覺得指示與組織的宗旨不相符合時，也不會去執行。所有有經驗的經理人員都懂得，當實際情況要求發佈一項看來與組織宗旨不相符合的指示時，應該做出解釋和說明，讓執行人知道這樣做的原因。否則，這種指示將不被執行或執行得不好。第三，假如一項指示被認為會損害執行人的個人利益時，執行人就會缺乏執行的積極性，指示就不會得到很好的執行，或者根本就不會被執行。第四，對於執行指示的人也應有所鑒定，如若讓一個無法完成指示的人去執行，此人只能是拒絕執行或敷衍了事。生活中常有這樣的例子，要求一個人去從事他力所不能及的事情，結果可能很難讓人滿意。

我們知道，**權威的決定因素存在於被領導者之中，而決定被領導者服從權威的條件，又由以下因素決定：第一，組織發佈的命令符合上述四項條件；第二，每個人都存在一個「中性區域」，在這個區域的界限之內，樂於接受命令，而不大過問命令的權威性；第三，大多數關心組織命運的人的態度會影響少數個人的態度，這有助於維護「中性區域」的穩定性。**

對這個「中性區域」，可以作如下解釋：假如把所有的命令按接受人接受的程度排隊，其中有一部分是明顯不能被接受的，也就是不會被服從的命令。另一部分處於中間狀態，可能被接受，也可能不被接受。第三部分則是毫無疑問地會被接受的。這最後一部分就是所謂的「中性區域」。「中性區域」的範圍可大可小，取決於對個人的利誘和物質刺激超過他所做出的努力和犧牲的程度。所以，一味要求個人做出貢獻，而不考慮給予相應的報酬，最終會使樂於接受命令的範圍越來越小。

巴納德認為，以上所談論的僅僅是權威的主觀方面，這當然是重要的，但經理人員更關心的還是權威的客觀方面，即他的指示得到執行和被服從的實際情況。「上級」本身並不等於權威，嚴格地說，只有當「上級」能代表組織的意志或組織的行動時，才具有權威，即只有當一個人作為正式組織的（官方）「代表」進行活動的時候，他才具有權威並能發揮相應的作用，這就是前面所說的「權威存在於組織之中」。一個組織發佈的指令只對本組織的成員發生效用，對於組織以外的人毫無作用，就像一個國家的法律只對本國公民具有效力一樣。不過，說到底，權威最終決定於個人。

如果上述職位權威暴露出無能、無視客觀條件而濫發指令，或者「領袖權威」忽視群眾的意志，權威就會喪失。因此，要維護這種權威，身處領導地位的人必須隨時掌握準確的資訊，做出正確的判斷。要建立與維護一種既能樹立上級威信，又能爭取廣大「中性區域」群眾的客觀權威，關鍵在於能否在組織的內部建立起上情下達、下情上達的有效的資訊交流溝通管道。這一管道既能保證上級及時掌握情況，獲得作為決策基礎的準確資訊，又能保證指令的順利下達和執行。要做到這一點，經理人員必須具有相應的能力。身居高位而不具備這種才能，或者是強而有力的人員被放在下級的職位上，只能導致組織權威的削弱。

關於決定資訊交流系統的主要因素，巴納德進行了詳細地探討。

第一，應該明確地宣佈這種資訊交流溝通（對話）管道，做到人人知曉。換句話說，應該盡可能明確地建立起「權威的脈絡」。做到這一點的辦法有：及時公佈官方的一切任命；明確個人的職位責任；明確宣佈組織機構的設置和調整；進行說服教育等等。第二，客觀權威要求把組織內部的每個人都置於這種資訊交流系統之中。第三，這種資訊交流的路線越直接，層次越少，距離和時間越短，就越好。意思是說，所有指令（書面的或口頭的）應該見諸文字，內容簡明扼要，盡可能的避免誤解。第四，應當注意資訊交流（對話）系統的完整性。要確保首腦的指令逐級傳達，人人皆知，防止「串線」或越級；第五，組織的首腦機關或總部的工作人員必須勝任。組織越大，首腦機關越集中，對工作人員的要求也越高。這是因為，首腦機關的首要任務是把收到的有關外部條件、業務進度、成功、失敗、困難、危機的大量資訊，經過綜合分析和研究，演變為新的業務指令和部署。這就要求其工作人員不但能熟練地掌握各種現代化的技術手段，還要具有靈活的應變能力；第六，應確保資訊交流（對話）系統在組織運行過程中不出現中斷或停頓現象。很多組織（工廠、商店）都是間歇性或週期性進行工作，晚間、星期日、節假日中斷活動，但軍隊、員警、鐵路、電訊等部門，則從不中斷活動。一個大型企業集團在進行活動時，應確保其「權威的脈絡」暢通無阻，永不間斷；最後，每一項指令必須具有相應的權威性。這就是說，發佈指令的人必須是享有「職位權威」的人，其所發佈的指令應該符合他的身份和地位，在他的職權範圍之內。

在巴納德看來，上述各項原則，對於大型組織（企業集團）建立客觀權威至關重要。至於大型組織的下屬機構，情況就要簡單得多，因為在下屬機構裏，資訊交流（對話）系統直接，「權威的脈絡」分明。**巴納德所提出的組織、正式組織、非正式組織、管理人員的職能和管理人員的權威的觀點，對管理學的發展影響甚深，一直到現在仍被廣泛地採納和應用。**

《管理的新模式》

倫西斯・利克特：支持關係理論的創始人

管理的核心問題是如何管理和領導人；造成企業間不同生產率的主要原因是各企業領導人所採用的領導方式不同。

——利克特

倫西斯・利克特（Rensis Likert，一九〇三—一九八一），美國現代行為科學家，「支持關係理論」的創始人，出生於美國懷俄明州，曾先後獲得過美國密西根大學的文學學士學位、美國哥倫比亞大學的理學博士學位。在他的領導下，密西根大學社會研究所對領導學、組織行為、物質刺激與行為、交流溝通與影響等方面的研究工作做出了顯著貢獻，在改進研究方法方面也頗有建樹，成為這一領域中有著重要影響的研究機構。利克特著重於行為科學的理論研究，特別是對管理模式的人事方面有著深刻的研究。利克特的主要著作有：《管理的新模式》、《人群組織：它的管理及價值》、《公眾觀點與個人》、《士氣與結構理論》、《行為研究的應用》，以及與簡・吉布森・利克特合著的《管理衝突的新途徑》等。

《管理的新模式》是利克特早期的重要著作，於一九六一年出版。本書以密西根大學社會研究所自一九四七年以來進行的數十項研究成果為依據，總結了美國企業經營環境的變化趨勢以及部分有傑出戰果的企業的管理特點，提出了一種「新型管理原理」，並且比較詳細且有系統地闡釋了「支援關係理論」和以「工作集體」為基本單元的新型組織結構。《管理的新模式》一書共分十五章。利克特首先介紹了高效企業的特點、領導方式的四種體制以及影響領導方式的因素，在此基礎上，提出了一種「新型管理原理」，並對這種管理系統進行了總體描述。利克特一再表示，雖然這種新型管理原理是以企業管理的實際經驗為基礎，但同樣可以應用於學校、研究單位、工會、醫院、政府部門和其他組織的管理中。

高效企業的特點

以人為中心的管理方式

利克特的研究，是在對「以人為中心」和「以工作為中心」這兩種不同的領導方式的比較下進行的。在對一些生產效率不同的企業中的大量員工進行調查之後，他提出，在所有的管理工作中，對人的管理是最重要的，其他工作都是在這一基礎上進行的。**管理的核心問題是如何領導和管理人，而各企業領導人所採用的領導方式的不同，是造成企業間生產率不同的主要原因。**生產率高的企業採用的是以員工為中心的領導方式，管理人員很重視工作中的人際關係，只進行「一般性的」監督，很小心地不讓員工產生反叛心理。其結果是團體中內聚力高，士氣高，員工都很願意在這樣的團體中工作，很少發生跳槽現象。而那些生產率低的企業，則採用以工作為中心的領導方式，管理人員只關心生產，看重的是員工的技術是否熟練。在生產中對員工實行嚴密的監督，讓他們覺得壓力重重，總是在高度緊張和厭煩的心理下工作。其結果是團體的內聚力低，士氣低，員工們在這樣的氣氛中工作感到痛苦不堪，而往往選擇跳槽的方式來擺脫這種困境。

採用「工作集體」的組織結構方式進行管理

高效企業大都採用「工作集體」的組織結構方式進行管理，上級領導把下屬當作集體中的一員，透過集體對其實行領導，尊重集體的願望，維護集體的利益，發揮集體的智慧。調查顯示，**在一些成功的高效企業或組織中，領導者都有一個共性：經常同員工一起討論問題，並認真傾聽員工的意見或建議，甚至以此作為決策的依據。**也就是說，要把員工看作是有人格有尊嚴的獨立個人，而不是生產線上完成任務的工具，考慮問題時要重視員工的利益，只有這樣，才能充分發揮員工的積極性，為企業創造更大的價值。

暢通無阻的資訊交流管道

保證資訊交流管道的暢通無阻，是高效企業的第三個特徵。這裏所討論的資訊主要是指知識性資訊和情感性資訊，而資訊的交流既指上情下傳又指下情上達。傳統的管理方法只重視上情下傳，而不考慮員工對此的反應以及員工的想法。要做到資訊管道的暢通無阻，通常是設幾個「意見箱」，或實行「開門政策」（開門政策是指，允許員工不經預約而隨時求見上級，上級辦公室的大門永遠是向員工開放的）。

事實是，員工的態度對於資訊的交流很重要，如果下級覺得上級的強制性措施對自己造成了很大的壓力，他們會不自覺地製造資訊溝通的障礙，比如，不讓上級瞭解真實情況，自己的一些好的建議也不願上呈，透過發牢騷的方式來表達對管理的不滿等等。隨之出現的敵意、畏懼、不信任等態度，會進一步阻隔資訊的正常流通，造成資訊的失真。

領導方式的四種體制

利克特在本書中，將企業管理的領導方式歸結為四種體制：

體制一：專權獨裁式

權力集中在最高一層，下屬毫無發言權。管理者對其下屬毫不信任。決策和組織目標都是由最高管理層做出的，然後下達一連串命令，必要時以威脅和強迫方式執行命令。上下級之間交往極少，即使有，也是在緊張和互不信任的氣氛中進行的。在這種體制下，最易形成與正式組織的目標相對立的非正式組織。

體制二：溫和獨裁式

權力大部分控制在最高一級，授予中下層部分權力。管理者對其下屬有一種類似主僕間的信任，有一種較謙和的態度。大致方針由最高階層制定，但許多具體決策則由較低階層按規定做出。管理者採用獎懲來進行激勵和督促員工完成生產任務。上下級之間的交往較多，但並不是以平等地位進行的，雙方都不會完全信任對方。在這種體制下，通常也會形成非正式組織，但並不一定要與正式組織的目標相對立。

體制三：協商式

有關公司命運的重大問題的決定權在最高一級，中下層在次要問題上享有決定權。管理者對下層有相當程度的（但不是完全的）信任，上下級之間具有雙向的資訊溝通，通常也是在地位相當平等和相當信任對方的氣氛中進行的。員工大都有責任感，願意為公司貢獻自己的智慧與才能。管理者主要採用獎懲進行激勵，偶爾也會讓員工參與決策，以此來激勵和督促員工。在這種體制下，也會存在非正式組織，但此時的非正式組織不僅不會對正式組織的目標產生阻礙作用，相反的，還會協助正式組織目標的形成。

體制四：參與式

也就是說，讓員工參與管理，企業領導者完全信任下屬，上下級處於平等的地位，有問題互相討論、民主協商。決策權與控制權不是集中於上層，而是分佈於整個組織中，低層也能參與，不僅有上下級間的資訊溝通，還有同事間的平行溝通，而且這種資訊溝通是在互相信賴和友好的氣氛中持久進行的。在激勵方面，讓工人參與制定經濟報酬，設置企業目標，改進生產方法，評估目標的進展狀況。在這種體制下，非正式組織與正式組織通常是合二為一的，所有的力量都為實現組織目標而努力。同時，組織目標與員工的個人目標也是一致的，組織與員工個人是一種雙贏的關係。

能否有效地實行領導，不是單憑領導者的行為方式來決定的，它還受到一些其他因素的影響。領導者對他自身的行為方式的看法並不代表員工在心目中對此的認識，這種情況顯然會影響領導的有效性。即使下級確實認識到領導者有意採取的為員工利益著想的管理方式，並且知道這種方式確實能為自己帶來好處，不同的員工也會做出不同的反應方式，擁護者有之，反對者亦有之。這與員工的價值準則、期望、個性、教育背景、經歷和其他社會因素有關。當然，**企業所處的行業的環境以及本組織的傳統和文化，都會影響到領導者的領導效率。**

如果考慮到領導者的個性和品格，利克特認為，員工都希望領導者的行為方式與他的個性保持一致。如果下級覺得領導者的行為方式與他的個性吻合，那他們會覺得領導者很坦率，它實行的管理措施很自然，相反的會覺得領導者有著不可告人的企圖。在事關大家切身利益的問題上，下級都希望自己的上司有能力影響更高層領導者的決策，所以領導者在上層的影響力和地位也會影響到下級對其行為方式的反應。同樣的，下級員工的行為方式在領導中間所引起的反應，也與這些因素有著密切的關係。**利克特認為，可以對人產生激勵作用的因素，主要有四種：安全激勵、經濟激勵、自我激勵和創造激勵**。組織必須不斷的向其成員提供這四種激勵，並逐漸加強，以保證組織成員能夠完成組織的目標。參與式管理正是為了適應這種需要才建立起來的，因此，它是一種高效率的管理方式。參與式管理的主要特徵有以下三個：

第一，管理人員必須運用支持關係原則，即領導者要支持下屬，讓每個成員都意識到，自己的個人價值和重要性是建立在知識和經驗的基礎之上的，並幫助下屬建立和維持一種個人價值觀和重要性的感覺。

第二，學會運用集體決策和集體監督。每個下級組織的領導者都是上一級組織中的成員。透過這一種上下級間的相互制約關係，將整個企業聯合成一個密不可分的整體。

第三，要以高標準為組織樹立目標。每一個組織中的領導者和成員都要有遠大的志向，為組織和自己樹立一個遠大的目標。透過這些目標的實現，既為組織創造了價值，也在這一過程中實現了自己的價值。

利克特根據調查研究的結果，提出應用體制一、二型的企業，必須要向三、四型的企業轉變。他認為，依靠合理的獎懲來調動積極性，才能充分發揮員工的潛力。他建議領導人員應該真心誠意的邀請員工參與管理，而不能將此作為拉攏人心的幌子。領導者要尊重員工的智慧，相信他們是願意搞好工作的。總之，企業的領導方式會直接影響生產率的高低。

影響領導方式的因素

領導方式具有多樣性和隨機性，具體的領導方法不可能到處適用，但存在普遍意義的一般領導原則。只是必須將這些原則與實際情況和實際對象結合起來，必須敏銳地覺察別人的情緒和期望。領導方式和領導行為的效果，不僅僅取決於領導行為本身，還與被領導者的工作性質、生活經歷、價值觀念、人際關係，以及他們對領導者的主觀印象等一連串環境因素相關。同樣道理，下級員工的行為方式在領導者中間引起的反響，也不僅僅取決於這種行為本身，而取決於領導者的主觀印象和他們的價值觀、期望等等因素。

利克特認為，能否有效地實行領導，並不僅僅取決於領導者的行為方式本身，還要取決於許多其他因素。它們是：

領導者與下屬的看法

領導者對自己行為方式的看法，與下屬心目中的感覺或實際看到的情況可能根本不同。利克特在某項調查中發現，有八〇%的領導者說自己會對工作有成績的下級進行真誠的表揚，但在他們的下屬中，卻只有十四%的人認為情況確實如此，其他人則認為他們言過其實。

領會領導者意圖的方式

即使下級確實看到、感覺到、體驗到領導者有意採取的行為方式，並且也正確地領會到了領導者的意圖，不同的人仍然會做出不同的反應，有些人擁護，有些人反對。這是因為，員工們信奉的價值準則不同，期望不同，性格不同，經歷和背景不同，而且受到不同社會因素的影響，所以，他們對同一刺激的反應也會不同。管理學家曾論述過，有些員工獨立性較強，所以他們會要求獨立自主地工作，並且要求參加公司的決策，他們對領導者實行的參與式管理反應熱烈，十分歡迎；而另一些員工依賴性較強，習慣於專制式的領導。

領導者的個性和人格

一般來說，下級都希望領導者的行為與其個性一致。有些領導者的做法與他的性格十分吻合，下級就會對他很信任，認為這人很誠實很坦率，就會很願意服從他的領導，努力做好自己分內的事情。相反的，有些領導者的行為方式與他的本性相去甚遠，大家就會覺得這個人很虛偽、不可信，很自然的，在工作上不會與之配合。

領導者在上層的影響力和地位

在事關大家切身利害的問題上，下級希望自己的直接上級有能力影響更高層領導者的決策。所以，領導者在上層的影響力和地位也會影響到下級對其行為方式做出的反應。總之，領導方式和領導的行為效果，不僅取決於領導行為本身，還與被領導者的工作性質、生活經歷、價值觀念、人際關係以及他們對領導者的主觀印象等因素有關。所以，實行管理和領導是一個反覆比較和不斷適應的過程。好的領導者，總是會根據被領導一方的思想和情感的變動，隨時調整自己的行為方式。

新型整體管理原理

透過以上對美國高效經理人員的實際調查和研究，現在已經可以構造出一種新型的組織和管理理論了。由於這種新的管理理論還處於初級階段，許多細節自然還要不斷修改、完善，使之能夠更好地為管理人員所利用。

新系統的特點

大量調查研究顯示，在出色的經理人員的管理下，組織通常會具有下述特徵：

一、組織成員對待工作、對待組織的目標以及對待上級經理都會採取積極合作的態度，並且職員之間互相信任，整個組織成為一個融洽和諧的整體。

二、在調動員工的積極性方面，組織領導者不僅採用物質方法，還配合精神鼓勵。要做到這點，首要的是讓員工認識到自己的重要性和自我的價值，例如，鼓勵組織成員不斷進步，取得成就，並且教育他們勇於承擔責任，善於利用自己的合法權力。同時，也要讓員工有安全感，能夠放心地發揮自己的探索和創新精神。當然，在這一過程中要穿插一些物質方面的獎勵，以照顧到員工各方面的需要。

三、組織中存在一個緊密而有效的社會系統。這個系統由互相聯結的許多個工作集體組成，系統內充滿協作、參與、溝通、信任、互相照顧的氣氛和群體意識。並且，在這個系統中，資訊管道暢通，體制運轉靈活。

四、對工作集體的成績進行考核的主要目的是為了自我導向，而不是單純用作實施監督、控制的工具。**參與式管理和集體決策，要求將考核的結果和其他資訊在組織內公開，所有成員都有權知道，**

否則很容易導致敵對態度的出現。

這些出眾的經理人員並不拒絕經典管理理論的各種原則和方法，如時間動作研究，預算和財務控制等。但他們不像那些成績平庸的管理人員，只是把傳統的管理方法當作運用權力實施控制的手段，只知道自上而下地分工、組織、制訂目標和規程，然後用物質刺激和行政命令的方法對員工施加壓力。優秀經理認為，權力型、命令式的管理會引起員工的反感，不能持久有效。他們努力讓員工形成主動和積極的態度，然後把各種經典的傳統的管理方法溶於其中，進而更充分地發揮這些管理方法、技術和工具的作用。

在員工眼裏，這樣的領導者與下屬打交道時，他的行為應具有如下特點：一、真正關心下屬，細緻周到，態度友好，隨時準備提供支持和幫助，既為公司謀利，也為員工謀利；二、完全信任員工的能力、幹勁和誠實；三、對下屬期待很高（這表現了一種支持，而不是強制或敵意）；四、指導、幫助和教育下屬，以使他們不斷地得到提高和發展；五、當下屬遇到困難或不能勝任工作時，盡力為其提供幫助或為其重新安排其他的職位。此外，這種領導者還採用參與管理等方法，使員工緊密地組織到各個工作集體中，透過集體對員工實行領導。

支持關係的原理

利克特認為，領導者的職責在於建立整個組織的有效協作。因此，領導者必須重視作業集體成員

之間的相互協作，使其對整個組織的協作產生良好影響。

就一個作業集體來說，這種相互協作，最重要的是使每個成員能在組織的人際關係中，真實地感受到得到了尊重和支持，使他從組織的領導方式中，最大限度地感受到作為人的尊嚴。而一旦他們的這種需要得到滿足時，就會形成自信心和心理成就感，進而激勵他們努力地去實現組織的目標。為此，管理人員必須做到，對下層人員要採取友好、支持的態度，這主要表現在以下幾個方面：

- 要時時注意員工們的需要；
- 信任下屬人員的能力、誠實、動機等，不要對他們持懷疑態度；
- 從這種信任感出發，關心下屬人員的工作，並對其寄予高度的期望；
- 對下屬人員的工作經常給予指示；
- 在涉及工作和下屬人員的利益問題上，要仔細考慮他們的要求，盡力維護他們的利益，促進員工之間的相互溝通，發揮他們的創造力。

由於管理人員對其下屬人員採取的信任態度，會反過來影響下屬人員對他們也採取信任態度，進而使上下之間密切協作，共同努力實現組織的目標。利克特認為，相互作用不僅指組織內的各個成員之間的作用，也指工作人員與管理人員之間的作用，也就是說，它包括了組織內所有縱向的與橫向的相互作用。

支持關係理論

一、什麼是支持

所謂「支持」，是指員工置身於組織的環境中，透過工作交往親自感受和體驗到領導者及各方的支援和重視，進而認識到自己的價值，發揮出更多的積極性和能動性。這樣的環境就是「支持性」的，這時的領導者和同事們也具有「支援性」的特徵。

二、支持關係理論

利克特提出的「支持關係理論」，可以簡要概述如下：領導以及組織中其他類型的工作，必須最大限度地保證組織中的每個成員都能夠按照自己的背景、價值準則和期望所形成的視角，從自己的親身經歷和體驗中確認組織與其成員之間的關係是支援性的，組織裏的每個人都受到重視，都有自己的價值，也都有機會發揮自己的價值。

三、支持關係理論的實質

支援關係理論實際上要求組織中的每個成員，都能認識到自己擔負著重要的使命和目標，每個人的工作對組織來說都是不可或缺、具有重大意義和富有挑戰性的。只有這樣，才能使員工感到自己存在的價值，並激發積極參與感。

利克特認為，如果在組織中形成了這種「支持關係」，員工的態度就會很積極，各項激勵措施也會發揮充分的作用，組織內充滿協作精神，工作效率自然會得到提高。

由於這一理論本身的固有特點，在應用它時，必須注意員工的真實感受。因為這種理論的關鍵是：員工透過對自己的事前期望與實際結果進行對比，根據自己的印象然後得出結論。所以，領導者必須瞭解，在員工眼裏，組織的未來到底是一種什麼樣的圖景。

新型的管理模式

利克特認為，新型的管理模式的領導方式都是採用參與型的。他認為，為了實現參與型的領導，企業領導者就必須能夠很好理解並靈活運用支援關係理論。

在現實中，高效企業的經理大多傾向於採用參與式管理的原則，並將其運用於確立目標、制定預算、控制成本和設計組織結構等許多方面。他們創造的新型管理模式，最核心的特徵是：將組織轉變成高度協調、高度激勵和高度合作的社會系統。為了做到這一點，他們最重要的哲理和信念是：**領導者應該把下屬和員工當作有血有肉、有尊嚴有人格的獨立個體，而不是完成工作任務的勞動力，更不是「機器上的齒輪和螺絲釘」。**

優秀經理們努力讓員工形成主動和積極的態度，然後把各種經典、傳統的管理方法融合其中，進而更充分地發揮這些管理方法、技術和工具的作用。

《管理的實踐》

彼得・杜拉克：現代管理學之父

管理是一種實踐，其本質不在於「知」，而在於「行」；其驗證不在於邏輯，而在於成果；其惟一權威就是成就。

——杜拉克

彼得・杜拉克（Peter F. Drucker），被尊為「大師中的大師」、「現代管理學之父」。杜拉克於一九〇九年出生在奧地利首都維也納，祖籍荷蘭。杜拉克先後在奧地利和德國受教育，二十歲時，他離開維也納，去往倫敦任新聞記者和國際銀行的經濟學家，從事證券分析。杜拉克於一九三一年獲法蘭克福大學法學博士，一九三七年，他因不滿歐洲的守舊政治氣氛而移居美國，此後，杜拉克終身以教書、著書和諮詢為業。一九四二年至一九四九年，杜拉克任貝寧頓學院哲學教授和政治學教授。一九四二受聘為當時全世界最大企業——通用汽車公司的顧問。一九四五年，他創辦了杜拉克管理諮詢公司，自任董事長。稍後於一九四六年將心得成果編輯為《公司的概念》一書出版，對大企業的組織與結構進行了詳盡而獨到的分析。一九五四年，杜拉克的《管理的實踐》一書問世，從此將管理學開創成為一門學科，進而奠定了其管理大師的地位。他於一九六六年出版的《有效的管理者》一書，成為高級管理者必讀的經典之作；一九七三年出版的《管理：任務、責任、實踐》一書，則是一本給企業經營者的系統化管理手冊，為學習管理學的學生提供的系統化教科書。二〇〇二年六月二十日，美國總統喬治・W・布希宣佈，彼得・杜拉克成為當年的「總統自由勳章」的獲得者，這是美國公民所能獲得的最高榮譽。杜拉克的著作有三十餘部，被譯成二十多國文字，在世界上一百三十多個國家和地區發行，有著及其廣泛的影響力。

《管理的實踐》這本經典性管理學著作，是杜拉克根據多年與管理人員共同工作的經驗寫成的。該書著重闡述了企業管理的職能、目標與作用，著重強調了對人，包括管理者與工人的管理。

管理的實踐

對於管理人員的重要性，杜拉克認為，在每個企業中，管理人員是富有活力的、賦予企業生機的因素，尤其是在一種競爭的經濟中，**管理人員的素質和工作狀況決定著企業的成敗，甚至決定著企業的生存。**

只要西方文明本身繼續存在，管理就將繼續是一個基本的、具有支配地位的機構，因為管理不僅是由現代工業體系的性質所決定的，並且是由現代工商企業的需要決定的，現代工商企業必須透過有效的管理，才能利用生產力資源——人與物質來推動社會進步。管理層是專門負責賦予資源以生產力的社會機構，也是負責有組織地發展經濟的機構，表現著現代社會的時代精神。

杜拉克還指出了管理在二十世紀五〇年代及以後幾十年裏的意義：首先，從冷戰向和平時期的轉變要求管理層適應這一變革；其次，一九五〇年時美國的生產設備日趨陳舊，生產率除在新行業中提高外，其他行業都在下降或停滯，這要求管理來改變這種境況；最後，歐洲能否獲得經濟繁榮、原殖民地國家和原料生產國能否像自由國家一樣發展自己的經濟，均取決於它們的管理人員的工作。

對於管理的職責，杜拉克認為表現在三個方面。管理是企業的一個具體機構，透過管理層來產生作用；管理是企業的具體機制，這一機制將企業的管理和所有其他機構的管理機制區別開來。

管理的首要職能是經濟效益，管理層只能以它創造的經濟成果來證明，它的存在和它的權威是必要的，假如未能創造經濟成果，假如不能以顧客願意支付的價格提高產品或服務，假如不能用交付於它的經濟資源提高或至少保持其生產財富的能力，管理都是失敗的。所以管理的第一個定義是：它是一種經濟機制，是工業社會一種特定的經濟機制，管理所涉及的每一項活動或每一項決策，都必須以經濟尺度作為首要尺度。

管理的第二項職能是利用人員與物質資源造就一家能創造經濟價值的企業，具體講就是對管理人員進行管理。企業不是一個機械的資源彙集體，能夠增大的資源只能是人力資源，至於其他資源不管利用得怎樣，都不會產生出比投入的總量更大的產出。杜拉克不同意把普通工人看作是一種物質資源，事實上很多普通工人也在做管理工作，假如更加努力則會產生更大的效益。對管理人員的投資是不會在帳面上表現出來的，而且超過了對任何一種其他資源的投資。

管理的第三項職能是管理工人與工作。工人不同於其他資源，他們具有個性和公民資格，對是否工作、做多少工作、如何工作具有自主支配能力，所以需要激勵、參與、滿足、刺激和獎勵、領導地位、作用與身份，也只有管理工作才能滿足這些要求。

除此之外，管理還有一種額外的尺度——時間。管理人員必須把當前利益和長期利益結合起來考慮，假如眼前利益是以長期的獲利能力或公司的生存為代價，假如一項決策為了宏偉的未來而使這一年遭受風險，那麼這種管理是無效的。管理人員必須保持企業目前的成功和獲利，又要能使企業發展和興旺。

總之，**在杜拉克看來，管理是一種有著多重目的的機制，既管理企業，又管理管理人員，也管理工人和工作，如果這其中缺掉一項，那就沒有任何管理，也不會有工商企業或工業社會。**

杜拉克舉了西爾斯公司的例子來解釋，什麼是企業以及企業管理意味著什麼。

第一，企業是由人創造和管理的，不是由某些外在力量管理的，經濟力量制約了管理人員所能做的事情，也為管理人員的行為創造了機會，但不會決定企業是什麼或企業做了什麼，管理人員不僅發現這些力量，並且透過自身的行為創造力量。

第二，不能以利潤來界定和解釋企業，獲利能力和利潤是對企業的一種約束，不是企業行為和企業決策的根本原因。

因為企業是社會的一部分，所以企業的目的必須存在於社會之中，那就是造就顧客。市場不是由上帝、大自然或經濟力量所創造的，而是由企業家創建的，在企業家向顧客提供某種服務、滿足他們的需求之前，顧客可能已感覺到那種需求。這種需求過去可能是一種理論上的需求，或是未察覺到的需求，或是根本不存在的需求，然而由於企業家透過廣告、推銷與發明某種新東西後，才會出現這樣的需求。並且，**顧客決定了企業是什麼，因為只有顧客透過對商品或服務的購買，才使經濟資源轉化為財富，物品轉化為商品。**企業是什麼、企業生產什麼、企業是否會興旺是由顧客決定的，顧客是企業的基礎，並使企業得以生存和發展。

杜拉克指出，在自動化的產業革命中，管理面臨著嚴峻的挑戰。但他不同意新技術將使機器人來取代人工勞力，相反的，他認為這會使熟練工人的內涵發生變化。工人不再是從事體力勞動的人，而是具有更熟練的技能和受過高等教育，能夠創造更多財富、享有舒適生活的人。杜拉克認為，新技術不會使人工勞力成為多餘之物，因為它對受過高級培訓的技術員、工人與管理人員，將有很大的需求量。

企業的目標是什麼？對於這個問題，杜拉克指出，真正的困難不在於我們需要確立什麼目標，而在於我們如何制定目標。杜拉克認為，惟一的方法是制定衡量標準。由於無論什麼企業，無論什麼經濟條件，無論企業的規模或發展階段如何，都存在八個關鍵領域：市場地位、創新、實物和金融資源、利潤、生產率、管理人員的表現和培養、工人的表現和態度、公共責任感。

杜拉克指出，市場地位的衡量，必須根據市場潛力和提供競爭商品與服務的供應商的業績來衡量。一個企業提供的商品如果少於一定的市場佔有率，這家企業就成為一家邊際供應商，面臨著被擠出市場的風險。然而假如存在著較大的市場地位，會使企業難以適應創新的變化，非常脆弱，因此必須確立行銷目標。

杜拉克指出，行銷目標有七個：第一，以美元與市場百分比表示的、根據直接和間接競爭衡量的現有產品在目前市場上所應佔有的地位；第二，以美元和市場百分點確定的、並根據直接競爭和間接競爭衡量的現有產品在新的市場所佔有的地位；第三，應該摒棄的現有產品；第四，現有市場所需的新產品；第五，新產品應該發展的新的市場；第六，商品銷售組織體系；第七，服務目標。

杜拉克指出，企業的創新目標為：第一，為實現市場目標所需要的新產品或服務；第二，因技術變化所需要的新產品或服務；第三，對產品必須要做的改進；第四，所需的新生產技術或對產品所做的改進；第五，企業經營活動的所有主要領域的創新和提高。

在杜拉克看來，生產率的衡量，顯示出資源是怎樣有效地得到利用的，以及它們的產出是多少。衡量生產率的標準是貢獻值，就是公司從產品與服務銷售中獲得的銷售毛額，與公司向其他供應商購置原料或服務所支付的金額的一種差額。貢獻值包括企業所做的所有努力的全部成本，以及企業因這些努力所獲得的全部報酬，它顯示企業自身貢獻於最終產品的所有資源，以及市場對這些努力所作的評價。物質產品的生產離不開實物資源的供應，比如工廠、機器、辦公室等，同時還需要資本預算，獲得金融資源。杜拉克指出，獲利率或利潤率必須考慮時間因素和風險因素，可以根據原始投資的原始成本，透過預測扣除折舊費後，按稅前的淨利潤來衡量獲利率。另外，杜拉克認為，制定目標必須注意時間跨度，即持續的時間長短。除此之外，還必須平衡目標。

我們知道，企業的目的是贏得顧客，所以企業都有兩種基本職能：行銷與創新。杜拉克認為，行銷十分重要，決不是建立一個強有力的銷售部，並將行銷委託於這個部門就可以完事，行銷比銷售的含義更加廣泛，它是經營的全部。創新是指提供更好更多的商品和服務，或創造一種新的需求，或發現舊產品的新用途，表現在設計包裝、製造產品、銷售技術、制定價格、提高服務、管理組織等方面。

杜拉克指出，企業必須有效地利用資源，實現贏得顧客的目的，這是企業的行政職能，在經濟方面稱之為生產率。高生產率要求，以最小的投入產生最大的產出。生產率提高的原因是：由於管理人員、技術人員與專業人員取代非熟練勞動力；由於腦力取代體力；由於機器設備的設計和安裝。除此之外，影響生產率的因素還有折舊，產品結構、生產過程的組合（表現在某些部件，是自行生產還是購買等方面）、管理班子的管理風格、企業的組織結構等。

杜拉克認為，利潤不是企業存在的原因，而是結果，利潤是企業的行銷、創新與生產能力的績效。經濟活動側重於未來，而對未來惟一可確定的是其不確定性，也就是它的風險。企業的首要任務是生存，企業經濟學的指導原則不是最大限度地獲取利潤，而是最大限度地避免損失。企業必須籌備保險金，以防其經營中不可避免要涉及的風險，最好的方式便是有利潤。利潤可以用來提供保險金、彌補損失，還可以用來擴大資本。

杜拉克指出，企業的業務不是由生產者決定，不是由公司章程決定，而是由顧客的需求決定。「我們的業務是什麼」是決定企業成敗的最重要的問題。對這個問題回答的第一步，是調查出真正的顧客和潛在的顧客，瞭解他們的具體資訊：他們來自哪裡？他們如何購物？如何才能接近他們？他們想要什麼？第二步，要挖掘出顧客購買產品時尋求的是什麼，品質或價格或售後服務。第三步，必須考慮公司或企業未來的業務，這可從四個方面分析：市場趨向、市場結構、創新的變革、顧客沒有滿足的需求。市場趨向是指市場的發展趨勢，如是否飽和；市場結構是指競爭帶來的市場佔有率的變化。第四步，正確確定公司應該從事的業務。

關於生產體系，杜拉克認為，目前存在著三種基本的生產體系：單一產品生產、大規模生產與流程式生產。單一產品生產的基本原則，是把工作組織成性質相同的各個階段進行生產。大規模生產的基本原則，是用統一的和標準的零部件大量或少量地組裝各種產品。流程式生產的基本原則，是將流程和產品融為一體，比如石油提煉廠，它從原油中獲取的最終產品取決於該廠採用的流程，它只能按一定的比率生產出煉油廠所確定的石油產品。企業管理層要求負責生產的人，知道哪種生產體系是合適的，而且堅持不懈地、最大限度地實行這一生產體系的原則，並且也必須知道各種生產體系，對管理層的能力和運作的要求是什麼。

杜拉克指出，管理人員是企業的基本資源，而且是企業最稀有的資源，在一個全自動化的工廠中，也許幾乎沒有任何普通的員工。對管理人員的管理的好壞，將決定著企業的目標能否實現，而且在很大程度上，決定著企業對工人和工作管理得如何。透過福特公司的例子，杜拉克認為，管理機構的性質、職能和職責是根據任務來決定，而不是透過授權來決定。管理管理人員的第一個要求，是將各個管理人員的視線導向企業的目標，即目標管理和自我控制，管理管理人員的第二個要求，是確定管理人員合適的工作結構。

杜拉克指出，企業的運作要求各項工作，都必須以整個企業的目標為導向，特別是每個管理人員的工作，更必須注重於企業整體的成功。管理人員的績效，是根據他的成就對企業所作的貢獻來衡量。等級制的管理結構會加劇企業業主的誤導，所以必須設計一種管理結構，將管理人員的注意力吸引到工作上。每個層次的管理人員，都必須確定本層次必須創造的業績是什麼，所作的貢獻應是什麼，必須強調協作和集體的作用。不同層次的目標應相互平衡，服務於企業的主要目標。管理人員的目標確定，既需要管理人員聽取員工的建議，又要設計一種專門的手段，使下屬管理人員的意見得到反映。目標管理的最大優點，是它能使管理人員控制他自己的表現。自我控制意味著一種更強大的努力，追求卓越而不是僅僅過得去。測評是自我控制的一種手段，要求對報告程序與報表進行正確的使用。

杜拉克認為，培養管理人員的第一條原則，是培養整個管理群體；第二條原則，是培訓要著眼於未來，注重未來的需要，將今日的管理人員，培養成為更好的明日的管理人員。培養必須鼓勵自我發展和自我控制。管理人員的工作，應該建立在為了實現公司的目標而承擔的任務的基礎上，有其自身的權力和責任，同時是一項有管理範圍的工作。團隊是一種有效的組織形式，它需要更緊密的合作與更明確的個人分工。管理職責的範圍隨著人們在企業中向上提升而拓寬，應當盡可能地賦予每個管理人員以最廣泛的工作範圍和權力，然而這種權力還是要受到制約的。管理人員和上司的關係表現在三個方面：上級對下級、下級對上級、管理人員對企業。每個管理人員都有為他的上級單位實現其目標而作貢獻的任務，也有著面向企業的義務和對下級管理人員負責的責任。

在杜拉克看來，組織本身不是目的，而是一種實現企業經營的目的和企業業績的手段，組織結構是一種不可少的手段。對企業的活動進行分析，可以知道製造、行銷、工程、會計、採購與人事是製造型企業的典型職能。透過決策分析可得出，**企業決策的性質由涉及未來的程度、對其他部門領域行業的影響、價值觀念因素和是重複出現還是偶然出現等四項因素決定。**關係分析不僅對制定需要何種機構的決策必不可少，並且對調整決策的制定非常重要。

杜拉克認為，組織機構必須是為實現企業績效而設置的組織機構，應該含有盡可能少的管理層次，形成盡可能短的指揮鏈，而且必須使培訓和考察未來的高層管理人員成為可能。聯合分權制和職能分權制是兩條基本形式。聯合分權是指企業應盡可能地按獨立自主的產品業務來整合各種活動，由此形成的各個業務單位獨立核算和自負盈虧。運用聯合分權制時，應當遵循五項原則：第一，強大的從屬機構和強大的中心；第二，聯合分權制的單位足夠大；第三，每個單位都有發展潛力；第四，管理人員的工作具有充分的餘地；第五，各單位應該平等共存。而職能分權制則根據職能建立組織，這是傳統的組織結構。無論是聯合分權制還是職能分權制，二者都要求在整個企業中形成一種成員共識，在多樣性的業務和職能中尋求一致性和統一性。

杜拉克認為，規模不改變企業的性質與管理企業的原則，只會影響管理結構，不同的規模要求管理結構的不同，然而比規模更有影響力的是規模的變化，即成長。杜拉克指出，不能以員工人數而應以管理結構來衡量企業的規模。由此，企業可分為小型企業、中型企業、大型企業、超大型企業四種。

在杜拉克看來，企業精神對於企業意義重大。精神具有道德的內涵，精神的基礎是誠實。對管理人員精神的第一個要求是有高標準的表現。堅持卓越的目標與良好的業績，就要求對管理人員制定目標和實現目標的能力進行評價，評價以業績為基礎，運用一整套社會準則進行。如果一個人業績差，就該解雇；如果一個人業績好，就應該獲得獎勵與激勵。因此，建立獎懲制度很有必要。

杜拉克指出，雇用一名工人是指一個完整的人而不是人體的一部分，我們是與作為人力資源的工人打交道。人作為一種資源區別於其他資源，他需要激勵和培訓。就一般而言，企業要求工人自願為實現企業的目標而做出努力，要求工人樂意接受變革。而工人不僅要求經濟回報，並且要求地位、平等機會與工作的成就感。

人事管理是對工人與工作的管理，然而一般人認為人，事管理無效有三個錯誤原因：第一，它假設工人好逸惡勞；第二，人事管理把對工人和工作的管理看作是專家的工作；第三，人事管理部門傾向於充當一個「滅火者」的角色。人際關係理論則承認人力資源是一種特殊的資源，反對只透過金錢刺激工人的想法，但人際關係理論的貢獻基本上是一種消極的貢獻，在歷史上也未能替代新的觀點。在杜拉克看來，美國最廣泛使用的人事管理概念是「科學管理」，它的核心是有組織地對工作進行研究，將工作分解成最簡單的要素，有計劃有步驟地提高這些要素中每一要素的工人的業績。但是，這種管理存在著極大的缺陷，因為它把工人們看作是「機具」，這必然會加劇工人對變革的抵制。新技術的發展則加重了科學管理的弊端。

什麼樣的激勵機制，才能最充分地調動工人的積極性？針對這個問題，杜拉克指出，必須培養工人的責任感，這裏有六種辦法：安排工作要慎重；必須制定較高的績效標準；向工人們提供自我控制所需要的資訊；為他提供參與的機會，讓他們學會從管理者的角度來看待問題；讓工人及時瞭解企業的有關情況，促使他們像管理人員一樣地看待問題；鼓勵工人在廠內社團活動方面產生領導作用，這也可以充分地激發工人的責任心。

對於**經理的具體任務，杜拉克認為有兩項：第一項是造就出一個真正的群體，這個集體的工作成效，要大於各個組成部分工作績效的總和；第二個任務是採取某些行動或某些決策時，必須協調好眼前與長遠需要之間的關係。**經理工作內容主要有：制訂目標、組織工作、溝通和激勵工作人員積極性，測定績效和培訓人才。資訊是經理的工具，人才是經理的資源，時間是經理稀缺的資源。

在談到企業與工人之間的經濟關係時，杜拉克指出，企業與工人之間的經濟關係比較微妙。工人對經濟報酬的不滿則影響積極性的發揮，最好的經濟報酬也不一定就能換來工人對工作的責任心，而非經濟性的刺激也不能補償工人對經濟待遇的不滿。企業把薪資看成是成本，要求儘量減少薪資；然而員工把薪資看作是收入，要求薪資穩定和增加。對於企業，新技術的出現迫使企業穩定其雇用政策，人力資源的培訓也成為一項重大投資。工人對利潤存在抵觸情緒，利潤分享制和股份所有權有助於解決這個問題。

企業決策有戰術決策與戰略決策兩種，在杜拉克看來，戰略決策更為重要，或者弄明情況或者改變情況，或者查明有哪些資源或者瞭解應該有哪些資源。經理在管理層次中的地位越高，要做的戰略決策越多。企業決策的步驟有五個方面：第一，弄清問題；第二，分析問題；第三，制定可供選擇的解決問題的方案；第四，尋找最佳解決方案；第五，使決策生效。

在該書的最後，杜拉克就「未來的管理者」作了一番論述。杜拉克認為，未來的管理者要面臨新的壓力和新的要求，這些壓力和要求主來自於新技術的發展。新技術要求所有經理對生產原理有透徹瞭解，重視開創市場與市場行銷，重視改革創新與競爭，重視就業機會的創造。這些新的要求歸納起來，未來的管理者必須能完成七項任務：第一，他必須透過目標來實施管理；第二，他得冒更多的風險，而且還要在相當長的時間內冒風險；第三，他必須有能力做出戰略決策；第四，他必須能夠建立起一個工作團隊；第五，他必須能迅速又明確地做好資訊交流工作，並善於激發別人的積極性；第六，他必須把企業看作一個整體，使自己的職責與企業的目標融為一體；第七，他必須能夠把自己的職責、工作成果和企業的產品與產業、乃至整個社會環境聯結起來思考，找出這個環境中最重要的趨勢性因素，進而作出決定並真正行動起來。

《有效的管理者》

彼得・杜拉克：現代管理之父

作為一名有效的管理者，為了取得成果，必須用人之所長，不僅要用同事、領導的長處，還要用自己的長處。

——杜拉克

在《有效的管理者》一書中，杜拉克指出，管理者的本分就是追求效率。不可否認，智力、想像力和知識都是人類的重要資源，但依靠這些資源本身只能達到有限的成就，只有效率才能使它們變得碩果累累。在現實中，有效的管理者很少見。杜拉克認為，管理者泛指那些必須在工作中運用自己的職位和知識，做出影響整體行為和成果的決策的知識工作者、經理人員和專業人員。作為管理者，無論職位高低，都必須在管理上力求有效。

當歷史進入二十世紀八〇年代時，管理學界對於管理的定義僅僅局限為對他人的管理，至於自己則認為無所謂。在杜拉克看來，這是錯誤的，因為一個有能力管理好別人的人，不一定是一個好的管理者；只有那些有能力管好自己的人，才能成為好的管理者。《有效的管理者》這本書的誕生，正是闡明了這種觀點。

有效的管理

杜拉克認為，管理者所面對的現實，一方面要求他們具有有效性，一方面卻又使他們極難達到有效性，究其原因有四個方面：第一個方面是，管理者的時間有被別人佔用的傾向性。管理者往往成為組織的俘虜，因為任何人都可以隨時來找他。第二個方面是，管理者常常處於一種被迫忙於日常作業的狀態，除非他採取措施來改變他們生活與工作的習慣。所謂的「日常作業」，是指如安排市場銷售或生產事務這些專業部門的管理事務，但事實上這又不是管理者的規定職責。這樣一來，管理者肯定不能把管理工作做得更有效。第三個方面是，管理者及他們的工作所提供的貢獻，只有得到最主要人物，如其他部門的管理者、本人的上司等承認和應用時，才能是有效的。第四個方面是，管理者屬於組織範圍之內，對於外部的認識是有限的。外部資訊是透過抽象整理後，以資料報告的形式送上來的，這種資訊實際上包含了一定的價值標準。外部的資訊不能量化，並且它時時都在變化，所以電腦的應用並不能解決這一問題。

杜拉克指出，想要提高管理者的水準，提高他的行為水準、成果水準與滿足水準，惟一的辦法，就是提高有效性。提高有效性的條件在於，每一個人只要在某一重要方面具有特長，使用他做這一方面的工作，並且他還必須瞭解其他領域的知識，但不可能希望管理者是全才或天才。

杜拉克認為，人們不重視對有效性進行研究是有一定原因的。有效性屬於一組織內部知識工作者的一種專門技術，在以體力工作者為重心的社會中，重視的是「乾淨利索」，也就是把事情做對的能力，無論這件事情本身對與錯，值不值得做。所以，知識工作者的「有效性」對於整個社會而言意義並非很大。但是在今天，知識化的大組織成了社會的中心，知識工作者也隨之成為了機構中的重心。**知識工作者是用頭腦工作，必須自己引導自己，在一定的幫助下，引導自己成為有效率的工作者，為組織做出成就和貢獻。**對於知識工作者來說，他們不生產本身有效用的產品，比如鞋子、零部件等，他們只生產知識、思想與資訊。這種「產品」本身是無用的，只有透過另一位懂知識的人，把這種知識、思想與資訊運用到生產中才能產生作用。在杜拉克看來，知識工作者是一項生產要素，它使得社會與經濟變得有競爭力，並能保持這種競爭力。

專業工作者運用他的職能與知識，對該組織做出實質性的貢獻，影響該組織的經營並使該組織的工作有成果，便是一位管理者。如推出一項新產品或擴大某一市場的佔有率等等。**知識工作者是不是管理者，不能以有無部下來定，主管人員也有些並非管理者，如製造業工廠的領班，他們對公司的發展方向、生產內容、產品品質以及生產方法均無職權和責任。杜拉克指出，管理者泛指那些必須在工作中運用自己的職能和知識，做出影響整體行為和成果的決策的知識工作者、經理人員和專業人員。**很顯然，並不是說大部分知識工作者都是管理者，知識工作也有一些無技術可言的瑣碎雜事。有一點是肯定的，作為管理者，不論職位高低，都必須力求有效。

在杜拉克看來，有效性不是少數人的天賦，有效性是可以學會的。杜拉克指出，有效性是一種習慣，是一連串實踐的綜合，實踐總是可以學會的。

那麼，到底怎樣做才能成為一名出色的管理者呢？杜拉克透過自己的研究和觀察，提出了管理者要做到有效性所需要的條件。他認為要成為一名有效的管理者，必須養成五項心理上的習慣。

第一，有效的管理者知道他們的時間花在什麼地方

他們可控制的時間很有限，因此他們會有系統地工作來利用好這些時間。

有效的管理者不是從他們的任務開始，也不是從他們的計劃開始，而是從他們的時間出發。他們首先認清他們的時間花在什麼地方，然後他們設法管理他們的時間，並且減少那些沒有成果的工作所佔用的時間。然後他們再將那些零碎的時間集合起來，形成盡可能長的連續時間段。這大體上可以歸納為三個步驟：紀錄時間、管理時間、集合時間。這三個步驟是管理者具有有效性的基礎。

杜拉克認為，任何生產過程的產出程度都取決於最稀有的資源，而最稀有的資源就是時間。時間也是一種最特殊的資源。有效的管理者知道時間是一個限制因素。因為在其他各種主要資源中，金錢實際上非常豐富，限制經濟增長和經濟活動的，是對資本的需求而不是資本的供給。第三個作為限制因素的資源是人，雖然我們很不容易雇用到足夠優秀的人才，然而人力還是透過一些方法能得到的。

但是我們卻不可能透過租用、雇用、購買或者其他任何方式來獲得更多的時間。時間的供給是完全非彈性的，不管對時間的需求有多大，時間的供給是不會增加的，時間沒有價格，也沒有邊際效用曲線，並且時間是最易流逝的，根本不能貯存。昨天的時間已經永遠失去，而且永遠不會回來。因此，時間的供給永遠是短缺的。時間也完全沒有替代品，在某種限度內，我們能用一種資源來替代另一種資源，如銅替代鋁，然而卻沒有任何東西能替代時間。做任何事情都需要時間，有效的管理者區別於他人的惟一之處，大概就在於他們能夠珍惜時間。

在杜拉克看來，時間損失的原因，也會由管理人或是組織缺陷造成。這主要有：由於缺乏有系統與缺乏遠見而造成的時間浪費因素，症狀是反覆出現同樣的「危機」，比如庫存危機，而這類危機本身是可以預防的；時間浪費往往由於員工過多而引起；組織機構有毛病、表現為會議太多；資訊傳遞不靈，或資訊不準確。並且，管理者經常受到種種壓力，迫使他不得不花費一些不會有生產效果的與浪費性的時間，特別表現在人際關係和工作關係的調和方面。另外，創新與變化需要管理者花費一定的時間。管理者需要先記錄實際的時間使用情況，接著需要有系統地管理時間。這需注意三個問題：一是應該分別出哪些是根本不必做的事，取消那些純粹浪費時間絲毫無助於取得成果的事；二是有些能讓別人辦理的事情，可以授權於別人來提高效率；三是管理者儘量控制並削除，因為自己而浪費別人的時間。

第二，有效的管理者致力於對外界的貢獻

他們不是為工作而努力，而是為成果努力。他們從「期望我的成果是什麼」這一問題出發，並不是從要做的工作出發，更不是從做這項工作的技術與工具出發。

杜拉克認為，有效管理者的宗旨就在於貢獻，貢獻這一宗旨是有效性的關鍵。以貢獻為宗旨使管理者的注意力，不受自己的專業、自己的技術以及自己所屬的部門所局限，而是重視組織整體的成績，並且使他的注意力轉向外界，外界是產生成果的地方。他會自覺考慮他的技術、他的專業、他的職務，以及他的部門與整個組織和組織的目標間有什麼關係。

貢獻的含義通常分為三個方面：直接的成果、價值的再發現與實現、未來的人才培養與發展。三者各自的重要性的先後次序，要根據管理者的個性與職位以及組織的需要而定。在一個企業裏，直接成果表現為經濟成果，如銷售情況與利潤情況。價值的再發現與實現是指要使本企業的技術能夠領導主流，也許是為社會群眾提供最好的商品和服務，並以最低的價格和最好的品質來生產。從某種意義上講，未來的人才培養和發展，是指不斷提高人力資源的性質。

杜拉克指出，就知識工作者來說，以貢獻為宗旨顯得特別重要，因為只有這樣，他才能有所貢獻。知識工作者往往是一位專家，那麼怎樣使專家的工作有效呢？由於專家的專長是片面的、孤立的，一個專家的產出必須和其他專家的產出合併在一起，才可以產出成果。我們的任務不是培養通

才，而是要使專家本身和他的專長發揮效益。這意味著他必須考慮到誰要用他的產出，使用者需要知道什麼，瞭解什麼，才能使他自己的產品發揮生產性。

當管理者為貢獻而工作，為貢獻而與別人交往時，才會有好的人際關係，他的人際關係才會有生產性，這也才是有效的人際關係。以貢獻為宗旨，本身會給有效的人際關係提供四項基本保證：一是意見溝通；二是集體合作；三是自我發展；四是培養他人。

第三，有效的管理者重視發揮長處

這包括他們自己的長處、上級的長處、同事的長處、下級的長處，還要發揮周圍環境的長處。有效的管理者能避開短處，他們決不讓手下做他們不能做的事。

杜拉克指出，作為一名有效的管理者，為了取得成果，必須用人之所長，不僅要用同事、領導的長處，還要用自己的長處。發揮人的長處是組織的一個目的。顯然，這並不能克服每個人身上所固有的許多缺點，但卻能使那些缺點失去效力。用人之所長的任務，在於運用每一個人的長處，把它們當作建設共同成果的一磚一瓦。

杜拉克認為，發揮人的長處首先需要雇傭人，雇傭人的原則是知人所長，用人所長，因事用人。具體有四個原則：

■ 有效的管理者知道，很多職位都設計的不正確，他們因此絕不會設計一個職位來做「不可能的」工作——常人所不能完成的工作。

■ 職位的要求要嚴，而內涵要廣。嚴就是要使一個人的長處得到充分發揮，廣就是要使任何有利於工作的特長都能產生巨大成果。

■ 有效的管理者知道，用人應該先看他能做什麼，而不是先看職位的要求是什麼。也就是說，在此以前，管理者就應該考慮此人的才能和長處。

■ 有效的管理者在用人之所長的同時，必須容忍人之所短。

除此之外，有效的管理者會努力設法發揮上司的長處。他們認為，上司也是人，有自己的長處與短處。要讓上司的長處得到發揮，不能用阿諛奉承的辦法，而應該堅持對的就是對的，錯的就是錯的，並以一種能讓上司所接受的方式向他提出。更為重要的一點是，有效的管理者對自己的工作也要從長處出發，因為管理者的任務不在於重新改造人類，而在於透過對每個人特長的運用，使整體的行為能力產生乘數效應。

第四，有效的管理者集中精力於少數主要領域

有效的管理者做好優先重要的工作，使管理產生卓越的成果。他們強迫自己設立優先秩序，而且堅定地按優先秩序做出決定。他們知道，搖擺不定將會一事無成；只有做好最重要的最基礎的事，而

沒有其他選擇，才會有所成就。

杜拉克指出，高效率要求集中精力，有效的管理者往往按照事情的輕重緩急安排工作，一次只把精力集中在一件工作上。這種集中精力、分而治之的方法，是靠完成許多重要工作而取得，並且需要完整的工作時間。但事實上，管理者的時間是稀缺的，並且對大多數人來說，一次做好一件事尚非易事，要同時做好兩件事則更加困難。有效率的管理者懂得，他們要處理的問題不計其數，件件都需要有效的解決，這就要求他們集中自己的時間、精力，並集中自己企業職員的時間、精力，按工作的輕重緩急，分而治之。

杜拉克指出，要想學會「集中精力」的管理方法，首先要學會「擺脫昨天的困擾」，即終止已不再產生積極作用的工作，終止過去遺留下來的無意義的工作，釋放這種工作佔用的資源，進而為新工作創造有利的條件。管理人員常常會面對時間緊迫的難題：有許多重要工作去完成，卻沒有足夠的時間；有各樣機會擺在面前，卻缺乏得力助手去有效地利用；還有眾多問題和緊迫事件需要處理。在這種情況下，可以確定工作的主次，原則有：一是著重未來而不是過去；二是著重機遇而不是難題；三是要有自己的方向而不是隨波逐流；四是要確立遠大目標，注重所產生的效果，而不求簡單、保險。

第五，有效的管理者能做出有效的決策

有效的管理者知道，有效的決策是辦事的問題，而不是令人眼花繚亂的戰術。他們知道一項有效

的決策總是在「分歧意見」的基礎上的一個判斷，並不是在「一致意見」的基礎上的一個判斷。他們還知道，快速做出很多決策，往往都是錯誤的決策。做出有效的決策要慎重，要考慮很多情況。

杜拉克認為，管理者工作的實質是：運用自己的權力與知識，為整個企業的組織機構、企業的經營運轉以及可能取得的成果，做出意義重大的決策。有效的管理者常常能制定有效的決策。有效的管理者在決策時，都先著眼於最高層次的概念性認識，然後不斷思考他們的決策要解決什麼問題，再針對問題確定決策所依循的原則。他們的決策不是為了當前的、顯而易見的問題，而是具有戰略指導意義的決策。

杜拉克指出，在決策過程中，有五個要點：認清問題的性質，是否屬於常見問題，並透過制定決策來建立一個規章或原則來解決問題；明確所要解決問題的具體規範；認真思考並能完善解決問題的方法，然後再考慮必要的妥協、讓步、改動等一連串事項，以期決策能被接受；在決策時應考慮可行的執行辦法；在執行決策的過程中，收集「回饋」以檢驗決策的正確性及有效性。

但決策應該從何處下手呢？對於這個問題，杜拉克認為，決策不是從搜集事實開始，而是從提出設想入手。因為要想先搜集事實是不可能的。人們總是傾向於先提出觀點，提出假設，然而僅僅只提出設想是不夠的，還要認真思索、弄清經過檢驗的設想，應達到什麼預期效果。有效的決策者還認為，傳統的衡量標準不再適用。

需強調的是，決策的有效性並非取決於「意見一致」，而是建立在不同觀點的衝突、協商上，和對不同判斷的選擇基礎上的。

杜拉克指出，要想成為有效的管理者，必須堅持聽取不同意見，這主要有以下三個原因：

- 反對意見是使決策者免受組織束縛的惟一有效方法。在決策者周圍，會有很多人有求於他，而每個人又都是個特殊的懇求者，信心十足地想讓決策者做出對己有利的決策。擺脫上述處境的惟一辦法，是允許爭議的存在，經過認真考慮發現其反面意義。
- 反面意見本身，就為決策者提供了不同的選擇方案。不管一個決策者經過怎樣的周密思考，不經過選擇做出的決策，事實上是賭博者的孤注一擲。一項決策總有可能會出現錯誤，或一開始就錯了，或因情況變化不再適用。然而假如決策者在制定決策過程中就已認真思考，並認真研究了其他可行的方案，如果上述情況發生，他就可從容地採用備選方案了。沒有各種備用方案，當情況變化、決策已不再適用時，決策者就有可能陷入背水一戰的境地。
- 需要不同意見，最關鍵的是它能激發人們的想像力。在所有具有「不確定性因素」的事件中，都需要想像力，用一種新鮮、不同的方法來洞察事物、理解事物。一流的想像力並不多見，然而也不像人們認為的那樣稀有。與其他事物一樣，想像力也需不斷地啟發、激勵，而對想像力的最好激勵，則是不同的觀點，尤其是經過爭論、思考和證實的不同觀點。

《管理學》

哈樂德・孔茲：管理過程學派的代表人物之一

領導藝術是一種對人實現影響的過程，能使員工願意並熱情地為達到整體的目標作出貢獻。

——孔茲

哈樂德・孔茲（Harold Koontz，一九〇八—一九八四），美國著名管理學家，一九〇八年出生於俄亥俄州，曾先後獲得過奧柏林學院學士學位、西北大學碩士學位、耶魯大學博士學位。畢業後，孔茲曾擔任過加州大學洛杉磯分校管理學院教授、美國管理學院院長以及行政管理研究所所長等職務，同時，還兼任過捷尼斯科公司董事會主席、法爾公司和德斯特控制公司的顧問。一九七四年，孔茲獲得了泰勒獎。

孔茲是管理過程學派的主要代表人物之一。他在管理學上的最大貢獻，在於對管理的過程與職能的研究。他認為，管理就是在組織中透過別人或同別人一起完成工作的過程。管理過程學派的特點，主要表現在以下兩點：第一，以職能為中心，建立一個持續有效的管理框架；第二，非常重視管理原則的建立。

孔茲的主要著作有：《管理學》、《企業的政府控制》、《管理理論的叢林》、《再論管理理論的叢林》、《評價正直的管理者》、《董事會和有效管理》、《管理學基礎》等。

孔茲認為：分析管理的最好方法，就是將管理活動劃分為若干主要的管理職能，然後，再圍繞這些職能形成基本的概念、觀念、原理、原則以及技術等。他對管理職能的劃分方法與法約爾的有一些出入，然而，也存在著兩點共同之處：一是兩位學者都認為，管理的職能是普遍的，無論對企業還是對機關都適用，並且，對一個組織中各個層次的管理者也都適用；二是按管理職能建立起來的理論框架是長期有效的，無論今後出現什麼新的知識、觀點以及方法或成果，都能將它們歸入到這個框架中去。

管理過程學派又稱管理職能學派、經營管理學派，是繼西方古典管理學派和行為科學管理學派之後，又出現的一個影響最大的管理學派。該學派源於法約爾提出的管理的五要素。後來，孔茲又對這一理論進行了修改和補充，使之更加完善、合理。

《管理學》是孔茲的代表作，是他和奧康奈兩人合著的一本管理學名著。在本書中，孔茲將管理的職能分為五大部分，即：計劃、人員配備、控制、組織以及領導職能，然後，又對這五大職能分別進行了詳細的論述。透過閱讀本書，能使讀者對所謂的管理有一個大概的認識。

計劃

計劃的定義

計劃是指從各個抉擇方案中選出未來最適宜的行動方針，就是預先要決定做什麼，怎樣去做，什麼時候去做以及由誰去做等問題。

計劃的作用

計劃是最基本的管理職能，其作用主要表現為以下幾個方面：第一，它能幫助人們消除工作過程中的一些不確定性因素及變化；第二，它能使人們將注意力集中到企業目標上來；第三，它能使企業獲得良好的社會利益；第四，在某種程度上，它能作為企業考核和控制員工的一種依據。

計劃的本質

決策是計劃工作的核心，在做出決策並開始擬定具體行為方針之前，要有計劃建議或者計劃前的研究，而不能只有計劃。制定決策時，要充分考慮當時的環境條件，使決策的制定能夠適應環境的要求。分析決策的最佳方法之一，就是使用所謂的決策樹。計劃的本質表現為它的目的性、領先性、普及性以及有效性等方面。計劃的目的是促進企業目標的實現，其領先性是指在管理的各項職能中，計劃位於組織、領導與控制之前；其普及性是指它是所有管理者都具有的功能，也是一切行業中都需要的職能；其有效性是指它能對企業目標的實現做出貢獻。

制定計劃的步驟

制定計劃，有以下幾個具體的步驟：第一，建立企業整體計劃目標；第二，決定制定計劃時一定要先考慮它的前提條件，並且要考慮計劃的運行環境；第三，決定備選方案，被選方案可以有很多個；第四，評估備選方案，評估標準是企業的目標和計劃的前提，儘量選取高利潤低成本的方案；第五，選擇方案，在眾多備選方案中選擇一個最好的方案，作為公司決策的依據；第六，制定派生計劃。派生計劃是為支持主要計劃實際貫徹實施而制定的；第七，編制預算，讓計劃數字化、精確化。

制定計劃的原則

制定計劃時，要遵循以下幾條原則：第一，承諾原則。所謂承諾原則，是指在制定計劃時，根據前提條件，預見透過一連串行動（包括當前制定的決策在內）可以在規定的未來期間實現承諾，則可按此期間來制定計劃；第二，彈性原則。所謂彈性原則，是指在制定計劃時要有一定彈性，當遇到意外情況時，在保證成本合理的前提下，對計劃進行修改；第三，改變航線原則。所謂改變航線原則，是指在計劃執行中，必須要不斷地進行檢查，一旦發現問題，就要及時修正。

每個人都知道計劃的重要性，然而在實際操作中，計劃的效果往往是最差的，造成這種情況的原因是，管理者沒有營造出一種適合於計劃運行的外部與內部環境。因此，管理者應該抓緊工作計劃的佈置，組織檢查、不可以放任自流，工作計劃必須從最高主管部門開始。工作計劃要相當具體，包括公司內的各種實際情況，而不應當使它僅僅表達一種願望。制定計劃時，應盡可能地讓更多的員工參與進來，特別要重視計劃的目標、前提、策略、政策之間得到良好的交流與溝通。

人員配備

人員配備的定義

所謂人員配備，是指對人員進行有效的招聘、選拔、安置、考核與培養，以充實組織結構中的各種職務。人員配備的好壞，將會直接影響到其他管理職能的實施。

影響人員配備的因素

影響人員配備的因素，有外部因素和內部因素兩類。其中，外部因素有：教育水準，社會上流行的處事態度，有關人員配備的法令、條例等經濟條件，以及社會對管理者的需求情況；內部因素有：組織目標、任務、工藝技術、組織結構，以及報酬等等。要想做好人員配備的工作，管理者需要認清那些與職能要求特別有關的內外部因素，而不能只重視一方面的因素，忽視了另一方面的因素。

控制

控制的定義

孔茲認為，控制是指按計劃標準來衡量所得的成果，並對工作中發生的偏差進行糾正，以保證計劃目標的實現。這是上自總經理，下至員工的每個管理者都要具備的技能。

控制的程序

控制的基本程序有：第一，標準的制定；第二，績效的衡量；第三，偏差的糾正。

有效控制的條件

要對企業進行有效的控制，需要滿足以下條件：第一，控制應該是客觀的；第二，控制應該有適時性；第三，控制應該有靈活性；第四，控制必須符合計劃和職位；第五，控制要有經濟性；第六，控制要注意例外情況；第七，控制應能導出矯正措施。

如何做好控制

在技術上，傳統的控制有預算控制和非預算控制兩種，現代的控制技術則較多。預算是計劃在數量方面的表現，即用數字方式對預算結果進行的一種表達。這種結果可以是財務方面的，也可以是非財務方面的。

做好控制，第一要認識控制的基本原理與複雜機制；第二要「量體裁衣」地設計控制方法，並建立起健全而暢通的資訊系統；第三要注意形成全局性控制，不能只在局部做文章；第四管理者在進行控制時，要對品質做出保證。

組織

組織的定義

所謂的組織，就是為了使人們在達到企業預定的目標的過程中，能夠有效地工作，企業必須按任務或職位制定一套合適的職位結構，這套職業結構的設置就是組織。組織的管理功能就是要設計和維持一套良好的職位結構，以使人們能夠很好地實現分工合作。

組織的分類

根據標準的不同，組織有不同的分類方法：

一、按照地區劃分

這一標準對於那些營業分佈廣泛的企業，特別是跨國企業非常有用，比如，可以分為國內部與國際部等。這一標準的優點是，可促進地區生產銷售業務，節省成本，訓練全才經理；而缺點則是，總經理對下面的控制比較困難，公司的總體決策難以下達。

二、按照產品劃分

這種分法在產品多元化的企業中十分常見。具體做法是，由高級主管授權給各產品主管，讓他們全權處理該產品的設計、研製、開發、生產、銷售及售後服務等一連串業務。優點是公司可以很容易地對一種產品進行協調，也便於發揮個人的技能與專長；缺點在於需要較多的全才組織，並且，經理對各產品部門難以有效控制。

三、按照企業功能劃分

這種劃分方法，可以表現出企業所從事的業務種類。比如，根據功能的不同，可以將企業劃分為生產部、銷售部、財務部、供應部等。這種分法的優點是，比較合理、穩定，而且能使高級主管在企業的主要業務方面成為權威；缺點在於容易忽視企業的總體目標，並且部門之間的協調比較困難。

建立組織結構時，應避免的問題

在建立組織結構時，要小心謹慎，注意避免以下的一些錯誤：第一，組織結構的規劃不當；第二，組織內各個部門之間的關係不明確；第三，對下級進行授權時，採取的方法不當；第四，權責脫鉤；第五，多頭領導；第六，機構重疊；第七，其他。

良好的組織應具有的特點

一個良好的組織，應具有這樣幾個特點：第一，目標切實可行；第二，主要的任務與業務清楚明瞭；第三，職務範圍明確，使工作人員知道為了達成企業目標，自己應該做些什麼。

動態的組織

組織應當是一個動態過程，這是因為：第一，組織結構必須能夠反映目標和計劃，而目標與計劃是隨時在變的，所以，組織結構也不能原封不動；第二，組織結構反映了管理者可以適用的職權，而這個由社會決定的、處理問題的許可權是會變化的；第三，組織機構必須同其環境相容，這些環境包括不斷變化的經濟、技術、政治、社會以及倫理因素，因此，為了與環境相適應，組織結構也必須不斷對自己做出調整；第四，組織結構由各種人員組成，業務分類和職能分配要考慮人的習慣與能力。

領導職能

在孔茲看來，領導工作涉及管理者與被管理者之間的關係。即使其他管理職能都能產生很好的效果，也需要輔之以對員工的激勵、引導，以把員工的個人目標與組織目標協調起來，促使員工為企業做出更大的貢獻。

所謂的領導職能，就是要創造並維持一種良好的人際關係，使在其中從事集體勞動的個人，能夠以良好的心態從事工作，並很好地實現企業和自己的目標。孔茲對激勵問題進行了探討，認為現有的理論研究和應用分析都顯示，必須用有系統的觀點與全面的觀點來看待這一問題。由於人的性格與外界情況存在差別，這就使得激勵問題比較複雜。因此，如果只採用一個或一組激勵因素，而不考慮其他的變數，那麼，這種激勵便有可能會失敗。領導者應該對激勵理論的發展有一個大概的瞭解，懂得正確行使各種激勵方法，並且，應該具備激發與鼓舞追隨者全力以赴從事工作的能力。另外，領導者還應該善於根據環境變化來選擇正確的領導方式，以使自己的領導行為更有效。

要完成領導職能，最重要的手段是資訊溝通，事實上，資訊溝通的意義已經遠遠超過了激勵、引導與協調。資訊溝通參與擬定宣傳目標和計劃，能夠以最高的效率組織各種資源，選拔人才，激勵員工，控制工作進程等。因此，可以這樣說，資訊溝通是組織賴以生存與活動的基礎。

《馬斯洛管理》

亞伯拉罕・馬斯洛：需求層次理論創始人

任何有動機的行為，都必須理解為一種途徑。透過這種途徑，許多基本需要可以同時表現出來或者得到滿足。

——馬斯洛

亞伯拉罕・馬斯洛（Abraham Maslow，一九〇八—一九七〇），美國行為心理學家，著名的「需求層次理論」的提出者，出生於紐約的布魯克林區，就讀於威斯康辛大學。一九三四年獲得博士學位後，在哥倫比亞大學教師學院擔任研究工作。一九三七—一九五一年，馬斯洛任布魯克林學院的副教授，同時負責管理馬斯洛桶業公司。

馬斯洛的主要著作有：《馬斯洛管理》、《人類動機理論》、《動機與人格》、《衝突、挫折和威脅理論》、《激勵與人性》、《島上文化管理》等。

需求層次理論

一九四三年，馬斯洛發表了《馬斯洛管理》，提出了著名的「需求層次理論」。馬斯洛認為，個人是一個統一的、有組織的整體，個人的絕大多數欲望和衝動是相互關聯的。驅使人類的是若干始終不變的、遺傳的、本能的需要，這些需要不僅僅是生理的，還有心理的，他們是人類天性中固有的東西，文化不能扼殺它們，只能抑制它們。馬斯洛把人類的各種需要分成幾種遞進的需求層次，稱為需求層次理論。

在需求層次理論中，馬斯洛認為，人類的需要是以層次的形式出現的，由低級的需要開始，逐級向上發展到高級層次的需要。他還斷言，當一組需要得到滿足時，這組需要就不再成為激勵因素了。馬斯洛將人的基本需要分為生理的需要、安定或安全的需要、社交和愛的需要、自尊與受人尊重的需要以及自我實現的需要等五種。

馬斯洛把基本需要的特性定義為：缺少它會引起疾病；有了它就不會得病；恢復它可以治癒疾病；在某種非常複雜的、自由選擇的情況下，喪失它的人更願意去尋求它，而不是尋求其他的滿足；在一個健康人身上，它一般是不產生作用的，處於一種潛伏的狀態。

但值得注意的是，馬斯洛本人並沒有說過，人非得在某一層次的需要獲得充分的滿足之後，次一個層次的需要才能顯示出來。馬斯洛指出，事實上，在社會中有許多人，他們的各項基本需要只可能滿足其中的一部分。在人們的需要層次的滿足中，應有一個比較確切的描述，即從較低的層次逐級向上，滿足程度的百分比逐級減少。

馬斯洛需求層次理論如下所示：

自我實現的需要
↑
自尊與受人尊重的需要
↑
社交和愛情的需要
↑
安定或安全的需要
↑
生理的需要

馬斯洛所列舉的需要各層次，決不是一種剛性的結構，所謂層次，並沒有截然的界限，層次與層次之間是相互疊合，互相交叉的，隨著某一項需要的強度逐漸降低，另一項需要將會逐漸上升。此外，可能有些人的需要始終維持在較低的層次上，而沒有向上一層次發展的機會。馬斯洛提出的各項需要的先後順序，不一定適合於每一個人，即使兩個行業相同的人，也並不見得有同樣的需要，正所謂世界上沒有兩片同樣的葉子。

馬斯洛需求層次理論最大的作用在於，它指出了每個人都有需要。身為主管人員，為了激勵下屬，必須要瞭解其下屬要滿足的是什麼需要。不論主管人員採取的是何種途徑，其措施總是以他對下屬的需要與滿足的假定為基礎的。

生理的需要

生理需要是人的需要中最基本、最強烈、最明顯的需要，只有滿足了生理需要，才能要求更高的需要。生理的需要，即為支持生命之所必需，包括食物、飲料、住所、睡眠和氧氣等。一個人倘若缺少了這一類基本生活必需品，那麼生理需要將是他最主要的激勵因素。馬斯洛指出，一個人如果同時缺少食物、安全、愛情和尊敬，則他對食物的要求比其他各項都要強烈。

在生理需要層次，一個人如果餓了，這將代表整個機體的特徵。因為在餓的時候，思想意識差不多被饑餓的感覺所佔有。所有的機能都被用來滿足饑餓，這些組織機能幾乎都為一個目的所支配：消除饑餓。而那些對這一目的不產生作用的機能，都處於休眠狀態或退處隱蔽地位。當人的機體受到某種需要的統治時，它還表現出另外一種奇異的特徵，即他對生命前途的整個哲學觀念也隨之發生了變化。對於那些長期受饑餓折磨的人來說，所謂極樂世界，可能就是有充足食物的地方，生命的定義可能就是有飯吃，其他的東西，比如愛情、自由等，都被看作是無關重要的，甚至是不值一提的。

當然，任何事情都不是絕對的。馬斯洛認為，在一個正常運轉的和平社會中，特殊緊急情況總是比較少的，這從它的定義本身就可以看出來了。文化是一種具有適應性的工具，它的主要功能之一，就是要使生理方面的特殊緊急情況越來越少。在現代社會中，長期嚴重饑餓的情況極為罕見的，只有在偶然的情況下，一個人才會感受到真正的生死攸關的嚴重饑餓。

安定或安全的需要

如果生理需要得到了基本的滿足，就會出現一層相對高級的需要，我們稱之為安全需要。安全需要通常包括對安全、穩定、依賴的需要，希望免受恐嚇、焦躁和混亂的折磨，對體制、秩序、法律和保護者實力的需要等。人們尋求安全和穩定的需要，主要表現在以下幾個方面：

將安全需要放在第一位

這主要表現在：人們普遍喜歡得到固定任期和有保障的工作，要求在銀行有積蓄以及加入各類保險（醫療、失業、殘廢、老年）等。

喜愛熟悉的事物

人們普遍喜愛熟悉的事物，而非陌生的和未知的事物。人們傾向於信奉某種宗教或世界哲學，以把宇宙和人類結合起來，成為一個和諧一致而富有意義的整體。這種傾向也部分地受到了安全需要的激勵。可以這樣說，科學和哲學都部分地受到了安全需要的激勵。

特殊情況

所謂特殊情況，是指戰爭、自然災害、疾病、犯罪、社會騷亂、神經官能症、腦損傷或長期處於逆境下等情況。

在書中，馬斯洛認為，現實中有些患病的成人，其安全需要在很大程度上與缺乏安全感的兒童一樣，只是成人比兒童受過的教育多，表現有些不同。他們通常是對世界上那些未知的神秘事物做出反應。在他們看來，這個世界是充滿敵意和不可抗拒的，並具有危險性。他們的安全需要往往表現為尋求保護人，或尋求其他可以依賴的強者，也許是一位可以依附的首領。

馬斯洛指出，可以從其他不同的角度來看待這種人，這樣更能說明問題。這種人雖然是成人，可是他們仍然以兒童般的心態來看待這個世界。也就是說，患神經質的成人行為如同兒童，好像還怕打屁股，怕母親斥責，怕父母拋棄自己，怕心愛的玩具被人奪走。在兒童時，他把自己對危險事物及外部世界的恐懼反應，深深埋藏在心底。在年齡增長和學習過程中，一旦有刺激這種反應的誘因出現，那麼，成人仍會做出兒童般的反應。

社交與愛情的需要

社交的需要是指人對於友誼、愛情和歸屬的需要。馬斯洛指出，在人的生理需要和安全需要得到了基本的滿足後，社交和愛情的需要便將成為一項重要的激勵因素了。人皆需要別人的接受、友誼和愛意；也需要對別人付出自己的接受、友誼和愛意；人都需要感受到自己是有用的，是被別人需要的。

在生理需要及安全需要滿足後，人們就會強烈渴望與別人有一種深厚的感情，渴望在團體和家庭中有自己的位置，渴望愛與被愛的感覺，以至於忘掉了他在饑餓時，是怎樣把愛情看成一座不現實的海市蜃樓。此時，歸屬與愛的需要控制了他，他感到了孤獨，感到自己必須要與別人維繫感情。如果抬頭四顧卻舉目無親，他就會感到深深的痛苦。

關於歸屬感，可以從各種各樣的途徑理解。現代工業化社會引起的頻繁流動，傳統家族式家庭的瓦解，家庭分崩離析的不斷增多，持續不斷的都市化以及由此導致的鄉村式親密關係的消失，現代社會中虛假膚淺的友誼，都加劇了人們對於歸屬感的渴望。人們希望能夠融入到某一團隊之中，真正地團結起來，共同應對外來危險，共同面對同一事情。他們會在別人對自己的協助中獲得滿足，也會在自己與別人的交流中感受到自己的價值。戰爭中士兵們的戰友關係，將會發展成為會終生親密的友誼，體育比賽中的球迷，特別是廣大的足球球迷，在觀看比賽中所表現出的巨大的熱情、同仇敵愾的凝聚力，正是現代人追求歸屬感的一個有力例證。

自尊與受人尊重的需要

人在生理需要、安全需要、社交和愛情需要均已獲得了基本滿足後，自尊需要又成為最突出的需要了。**馬斯洛認為，人們對尊重的需要可以分為兩類：自尊和來自他人的尊重。人一方面都希望得到名譽、地位和聲望等，希望受到他人的尊重和承認；另一方面，也希望自己具有實力、自由、獨立性等，感到自己存在的價值，進而產生自尊心，自信心。**這兩方面中，後者要以前者為基礎。他人的認可特別重要，如果不能獲得他人的認可，那麼，當事人可能會覺得自己是在孤芳自賞了。如果在他周圍，人人都明白地表示他確實重要，他就能由此產生自我價值、自信、聲望和力量的感受。在現實生活中，這類需要很難得到完全的滿足，但當它成為人的內心渴望時，便會成為持久的推動力。

馬斯洛認為，除了很少一部分人，社會上絕大多數人都渴望受到尊重，包括外界的尊重和自我的尊重。相對來說，自我的尊重要更重要一些。自己對自己的尊重即是自尊，自尊需要的滿足是指由於實力、成就、優勢、才能等等自身內在因素而形成的個人面對世界時的自信、獨立。外界對自己的尊重需要的滿足，則是地位、聲望、榮譽、威信等等外界較高評價的結果。自尊需要的滿足，可以使人感到自信、有價值、有能力並適於生存，使人們覺得自己在世上有價值，自己是必不可少的，自己在世上也是能夠發揮自己的一技之長，能為別人所需要。而一旦此類需要受挫，人們就會產生自卑、無能的感覺，自己一無是處，除非經過相當的努力，否則這種人會因為自我形象的渺小而愈發地在做事上失敗，然後會導致更加自卑，沒有自信的人是很難做成事的。

自尊建立的基礎是不同的，有基於他人看法的自尊，也有基於真實能力的自尊。最穩定與健康的自尊應當是建立在真正的能力與勝任之上，即基礎穩固的自尊，依靠外在的名望、別人的奉承而獲得尊重很有可能像肥皂泡一樣不堪一擊。

基礎穩固的自尊，就是說這種自尊是以真實的才能和成就以及別人的尊重為基礎的。這種需要可以再分為兩類：一是那種要求力量，要求成就，要求合格，要求面對世界的信心，以及要求自由和獨立的欲望；二是那種要求名譽或威信（其定義為別人的尊重和尊敬），表揚，注意，重視和讚賞的欲望。

自我實現的需要

在自尊需要基本滿足之後，自我實現的需要又接踵而至。自我實現是指，人希望從事與自己能力相稱的事情，使自己潛在的能力得到充分地發揮，成為自己嚮往的人物。也就是說，人希望能成就他獨特性的自我的欲望，或是人希望能成就其本人所希望成就的欲望。在這一個需要層次中，人希望能發揮出其全部的潛力，他重視的是自我滿足，是自我發展和創造力的發揮。

自我實現是馬斯洛需要層次理論中最高層次的需要。一個人在其他基本需要都得到滿足以後，自我實現的需要便開始突出。這時候他會很樂意去工作，對他而言，此時的工作不是為生活所迫，也不是為了金錢，更不是為了獲取榮譽，而是一種興趣，一種發自內心的快樂。這時候，工作對他來說是必不可少的，是生存下去的原動力。

自我實現的需要的產生有賴於生理需要、安全需要、愛的需要和自尊需要都得到滿足。馬斯洛把這些需要都得到滿足的人稱為基本滿足的人，一般而言，這種人擁有最充分的、最健康的創造力。但是，在現實社會中，得到基本滿足的人不多，甚至可以說是很少的。

馬斯洛認為，即便一個人的生理需要、安全需要、愛的需要、尊重需要都得到了滿足，他還是會產生新的匱乏與不安。他必須正在做他真正喜歡做的事：一位作曲家必須在譜寫曲子中才能找到生活的樂趣，畫家只能在畫畫中實現自己的價值，同樣的，學者必須進行研究，否則，他就會躁動不安，難以寧靜。一個健康的人天性中能成為什麼，他就必須成為什麼，他必須忠實於自己的生物本性。這一需要馬斯洛稱之為自我實現的需要。這一觀點看起來似乎有點浪漫與不切實際，但毋庸置疑，每一個成熟的人，每一個基本滿足的人，都知道自己究竟要做什麼，並且知道怎麼去做。

也就是說，自我實現，就是一個人使自己的潛力發揮的傾向，成為自己所能夠成為的那種最獨特的個體，使自己成為自己想成為的那種人。這種需要所採取的形式因人而異：有的人可能想成為一位模範丈夫，有的人可能想在寫作方面取得成績，還有的人可能想為地球上的動物提供幫助等等。他不一定是一個創造性的活動，但一個有創造性的人，是會採取這種形式的。

《企業的人事方面》

道格拉斯・麥格雷戈：人性假設理論創始人

管理要實行組織目標與個人目標相統一的原則，也就是實行組織的要求與個人的需要相統一的原則。

——麥格雷戈

道格拉斯・麥格雷戈（Douglas Mcgregor，一九〇六—一九六四），美國行為科學家，著名的管理專家和社會心理學家。麥格雷戈先後獲得過韋恩大學文學學士學位、哈佛大學文學碩士學位和哈佛大學哲學博士學位，是二十世紀五〇年代末期湧現出的人際關係學派的中心人物之一。

華倫・貝尼斯說：「麥格雷戈具有天賦，能理解並影響從業人員的各方面。麥格雷戈在學術上並不是拔尖人物，但他的研究，洞察敏銳，自由無束，能在從業者中產生強烈的共鳴。」

麥格雷戈的主要著作有：《企業的人事方面》、《經理人員在技術爆炸時期的責任》、《管理的哲學》、《領導和激勵》等。在《企業的人事方面》一書中，麥格雷戈先對傳統的管理理論X理論進行了分析，找出其缺點，得出其與現代社會的背離的結論。然後，在詳實而又縝密的分析基礎上，提出了與現代社會相適應的Y理論。對於Y理論的應用，麥格雷戈也作了充分的介紹，將這一理論的精華展現在讀者面前。最後，麥格雷戈在上述分析的基礎上，指出了作為一個成功的管理者應該具備的素質，以及如何才能成為一個成功的管理者。

X理論—Y理論

麥格雷戈將傳統的管理理論稱作X理論，而把管理新理論叫做Y理論，並將二者結合起來，就形成了著名的「X理論—Y理論」。這一部分是全書的核心，在這裏，麥格雷戈的主要管理思想得到了全面的闡述。

X理論由下述八條對人性的傳統假設構成：

- 管理人員要負責為了經濟的目的，而把生產性企業的各項要素組織起來，如貨幣、物資、設備和人員。
- 就人員方面而言，管理就是一個指揮他們的工作，激勵他們、控制他們的活動、調整他們的行為以滿足組織需要的過程。
- 如果管理人員不能積極的干預，人們就會對組織需要採取消極的甚至對抗的態度。因此，必須對他們進行勸說、獎勵、懲罰、控制，即必須指揮他們的活動。而這一切，就是管理部門的主要任務。人們常常把這個意思概括為一句話：管理就是透過別人來完成事情。
- 人的本性是懶惰的，他們會盡可能地少做工作。

- 他缺乏雄心壯志，寧願被人領導，不願承擔責任。
- 他天生就以自我為中心，對組織需要漠不關心。
- 他的本性就是墨守成規，反對變革。
- 他輕信且不明智，易於被騙子和野心家蒙蔽。

麥格雷戈認為，這種X理論對美國各個工業部門都產生了極為深刻的影響。從這種人性假設出發，產生了三種不同的傳統管理方法，即：以處罰為手段的嚴格的管理、以獎賞為手段的溫和的管理，以及以兩者的折中為特徵的「嚴格而公平」的管理。這些管理策略和方法，或者以「蜜糖」為誘餌，或者以「皮鞭」相威脅，都是企圖透過外力的刺激來提高員工的工作熱情。然而，這些管理策略和方法都是難以奏效的。因為，**根據馬斯洛的需求層次理論，「蜜糖」加「皮鞭」式的管理策略，只對低層次需要未獲滿足的人有效，而對於那些追求自尊、自我實現等高層次需要的人就不能產生效果了。**

因此，在現代社會條件下，隨著生產力的進步和科學技術的發展，人們的生理需要和安全需要都已得到相當程度的滿足，再想用X理論導出的「蜜糖」加「皮鞭」式的管理方式來激發員工的工作熱情，顯然是不現實的。而且，在麥格雷戈看來，如果管理的人性假設未變，即使有時採用了分權的目標管理、協商的監督、「民主的」指導等新的管理策略，也只是新瓶裝舊酒，不會產生太大的效果。

在現代社會中，人們的生理需要和安全需要已基本得到滿足的這一事實，迫使企業對員工的激勵的重點轉移到社會需要和自我需要上。除非在工作中存在著滿足這些較高層次需求的機會，否則人們就會感到欠缺，而他們的行為就將反映出這種情況。在這種情況下，如果管理部門繼續把注意力集中於生理需要，必然是枉費其心機。人們將不斷地要求得到更多的金錢，但他們的需求仍得不到滿足。雖然優質產品和服務對這些受限制的需求，只能提供有限程度的滿足，但人們仍然認為購買產品和服務將比任何時候都更為重要。也就是說，雖然在滿足許多高層次需要方面，金錢只具有有限的價值，但是如果它是惟一可得到的報酬，它就可能成為一切追求的中心。

麥格雷戈認為，所有的激勵理論都承認某種形式的「胡蘿蔔」，可以誘發人們的積極性，而這種所謂的胡蘿蔔，通常是用工資或獎金形式出現的金錢。即使金錢不再是惟一的激勵力量了，但它過去是、而且將來繼續是一種重要的激勵因素。我們應該擔心的倒是用金錢作為「胡蘿蔔」的方法，這種做法通常是不論工作業績的好壞，每個人都能得到一根「胡蘿蔔」，如：按年資加薪和升職、定期論功加薪，而且高級主管人員的紅利也不是依據主管人員個人的業績，這一些顯然是不科學的。

麥格雷戈指出，一旦人們的物質生活水準已達到了適當的位置，工作熱情主要受到較高層次需要的激勵時，胡蘿蔔加棒子的理論就完全不產生作用了。管理部門不可能給個人以自尊、他人的尊重或其他自我實現需要的滿足，但可以創造出一些條件，幫助個人為自己尋求這些需要的滿足。當然，管理部門也可以不提供這些條件，但從這裏可以看出管理人員的管理是否科學。這種條件的創造並不是「控制」，控制不是對行為進行引導的好辦法。這樣，管理部門就發現自己處於一種獨特的處境。現代的科學技術創造的高生活水準，已使得生理需要和安全需要得到了較好的滿足。惟一的重要例外是，管理措施沒有造成一種對「公平機會」的信心，因而使安全需要未能得到滿足。但是，由於提供了滿足較低層次需求的可能性，管理部門使得自己再不能應用傳統理論所講的各種辦法作為激勵因素，諸如報酬、許諾、刺激、威脅或其他強迫手段。

由於上述原因，麥格雷戈認為，有必要在對人的特性和人的行為動機的更為恰當的認識基礎上建立新理論。總結當時已有的一些新思想，他提出了Y理論。Y理論基於下述對人性的假設：

- 人並不天生厭惡工作。從事體力勞動和腦力勞動，對人們來講，就像娛樂和休息一樣，是生活中不可或缺的。在一定的控制條件下，工作有時可以使人感到滿足（人們就會自願去做），也可能使人感到是懲罰（人們就會逃避）。
- 控制和懲罰不是使人實現組織目標的好方法。人們對自己所參與制定的目標，能夠實行自我指揮和自我控制。
- 參與應該與獲得的報酬相符合。
- 在適當的條件下，人們不但能接受命令，而且能主動地承擔責任。
- 大多數人都具有相當高度的用以解決組織問題的想像力、獨創性和創造力。
- 在現代工業條件下，一般人的智力潛能只開發了很少的一部分。

麥格雷戈認為，傳統的組織理論和過去半個世紀的科學管理思想，把人們束縛在有限的工作空間裏，使他們不能充分發揮自己的能力，不願承擔責任，對工作也失去了興趣。在這樣的環境中，個人對作為一個工業組織的成員的全部概念，比如習慣、態度、期望等都受到其他經驗的制約。在目前的工業組織中，人們習慣於在工作中受別人的指揮、操作和控制，而在工作之外去尋求社會的、自我的和自我實現的需要的滿足。不但許多工人是這樣，許多管理人員也是這樣。另外，人的激勵來自人的本性。人是一個機能性的系統，而不是一個機械的系統，一個人有了各種「能」的輸入，包括陽光、食物和水分等等，便能產生「行為」的輸出，包括人的智力活動、情緒的反應，以及其他種種活動。而影響行為的變數不僅有人的個人特性，而且有環境的特性。所謂激勵，就是使人的特性與環境的特性建立起適當的結合，以使其能產生管理者所預期的行為。

因此，**麥格雷戈認為，對於管理者而言，只要創造出某種適當的環境，就能有效地引導員工的行為，使其服務於組織的目的。**

Y理論的應用

麥格雷戈在這部分著重研究如何實施Y理論，並總結了當時已有的一些與Y理論相似的創新思想在應用上取得的成果。他將Y理論稱為「個人目標與組織目標的結合」，認為它能使組織的成員在努力實現組織目標的同時，也能夠很好地實現自己的個人目標。所以他認為，對員工進行管理的關鍵不在於對採用管理方法的選擇，而在於管理的指導思想的轉變，即將X理論轉變為Y理論。這兩種理論的區別在於：是將人們當作小孩看待，還是把他們當作成熟的成年人看待。思想認識的轉變就會導致管理方法的變化。

Y理論的實施方法主要有：

分權與授權。這是將人們從傳統組織的嚴密控制中解脫出來的好方法。這種方法給人們一定程度上的自由，讓他們有權支配自己的活動，並承擔相應的責任。這種方法的最大好處是，為員工的自我實現的需要的滿足提供條件。西爾斯·羅巴克公司的管理層次很少的扁平形組織結構就是一個很有趣的例子。該公司用某種帶強制性的辦法來推行「目標管理」，即擴大由經理直接領導的下級管理人員的人數，直到使經理無法繼續按傳統的方法去指導和控制他們的業務，只好實行分權與授權的目標管理。

組織的職權是授予人們運用其判斷，做出決策和發佈指示的自由處置之權。分權是在組織結構中，把決策的職權進行分散的趨向。在整個組織中，職權應在多大程度上集中或分散？有可能存在一個人獨攬大權的絕對集權，但這意味著無下屬管理人員，因此也就是無結構的組織。但另一方面也可能存在絕對的分權，因為如果管理人員把他們的職權全部下放，他們作為管理人員的身份將不復存在，他們的職位也就此取消，這樣也就不存在組織。所以麥格雷戈認為分權和集權是兩種傾向，管理人員應合理平衡，取其最佳點。

員工對自己的工作成績做出評價。按照X理論，通常是由上級給下級的工作成績做出評價，這種做法實際上把員工看成是裝配線上受檢驗的產品。而通用電氣公司、安瑟化學公司等試行過的一種新的管理方法，則要求員工為自己制定指標或目標，每半年或一年對工作成績進行一次自我評定。在這種新的管理方法中，上級仍然產生了重要的領導作用——事實上它比傳統的方法對領導提出了更高的要求。但對許多管理人員來說，他們寧願擔任這種新的領導角色而不願像以前那樣做「審判者」和「監督者」。最重要的是，這種新的方法鼓勵個人對制定計劃和評價自己對組織目標所作的貢獻承擔更大的責任，有助於員工充分發揮自己的才能，滿足自我實現的需要。

麥格雷戈強調，管理人員應注意採用那些可以使工作豐富化和職務內容有更多變化的辦法，來消除因重複操作帶來的單調乏味感。它意味著職務工作範圍的擴大，只是增加了一些與此類似的工作，而並沒有增加責任。在工作豐富化裏，則是企圖在工作中建立一種更高的挑戰性和成就感，一項工作可以透過多樣化來使它豐富起來：一、在決定某些事情，如工作方法、工作順序和工作速度，或接受還是拒收材料等方面，可以給工人更多的自由；二、鼓勵下屬人員參與管理和鼓勵工人之間相互交往；三、讓工人對他們的任務有個人責任感；四、採用分步驟的方法，以確保工人能夠看到他們的任務對企業的產成品和福利方面是怎樣做出貢獻的；五、最好在基層主管人員得到這種回饋之前，把工人的工作完成情況回饋給他們；六、在分析和變動工作環境方面，如辦公室或廠房的品質、溫度、照明和清潔衛生等，要讓員工參加，並積極提出意見。

參與式和協商式管理。在適當的條件下，參與式和協商式的管理可以鼓勵人們，為實現組織目標而進行創造性的勞動；在做出與他們的工作有直接關係的決策時，給他們提供某些發言權；並為滿足他們的社會需要和自我實現需要提供重要機會，這是一種能取得顯著成效的好方法。

參與式管理是指，在不同程度上讓員工和下級參加組織決策及各級管理工作的研究和討論。處於平等的地位商討組織中的重大問題，可使下級和員工感到上級主管的信任，進而體驗出自己的利益與組織發展密切相關，產生強烈的責任感。同時，主管人員與下屬們在一起商討問題，這對雙方來說都是提供了一個取得別人重視的機會，進而給人們以一種成就感。多數人會因能夠參加商討與己有關的行為而受到激勵。正確的參加管理方式，既對個人產生激勵作用，又為組織目標的成功實現提供了保證。

擴大工作範圍。這是一種鼓勵處於組織基層的人承擔責任，並為滿足員工的社會需要和自我實現需要提供機會的方法。實際上，在工廠實行改組，擴大工作範圍，都為與Y理論一致的創新活動的開展提供了很多很好的機會。

其他方法。包括改善員工之間的關係，在企業內創造良好的管理氣氛，合理利用獎酬和提升機會等。

成功的管理者

這部分包含了麥格雷戈對有關成功的管理者的早期研究。其重點是，什麼才是成功的管理者，以及如何發展管理者的才能的問題。

實際上，對於這一問題，前兩部分已在理論上做出了回答，在這裏又透過具體的分析加深了人們對它的瞭解。在對領導人員進行了分析之後（領導是一種關係），提出了管理發展的程序問題。

麥格雷戈指出，企業中的經濟、技術特性以及企業的組織結構，政策與實踐的影響都是管理發展過程中的重要因素，成功的管理者應該善於從這些因素中，尋找那些適合企業員工特性的發展因素。而所謂管理的技能卻是多方面的，如手工技能、解決問題的能力、社會活動能力。

這些能力可以透過培訓而獲得，然而最主要的獲取方式還是在工作中慢慢總結，並且只有透過實踐才有可能累積成功的經驗。

麥格雷戈最後對領導者群體進行了分析。他認為，領導者群體主要是由領導者之間的相互關係構成的，這種群體對領導的效能既有好的結果，也會產生不利因素。合理而謹慎地掌握這種群體的關係，有利於領導取得成功。

二十世紀五〇年代中期，麥格雷戈在研究成功的管理者問題時，對當時流行的傳統管理觀點提出了疑問，隨後又對人的特性假設進行了修改。本書是其新管理理論的反映，也是有關企業中人的特性理論的代表作之一。

《工作與人性》

弗雷德里克・赫茲伯格：雙因素理論創始人

真正意義上的激勵因素，來自成就、個人成長、職業滿意感等。它的目標在於透過工作本身，而不是透過獎賞或壓力達到激勵。

——赫茲伯格

弗雷德里克・赫茲伯格（Frederick Herzberg），美國著名管理學家，著名的心理學家，出生於一九二三年。赫茲伯格參加過第二次世界大戰，回國後，就讀於匹茲堡大學，並獲得了心理學博士學位。

畢業後，赫茲伯格在美國衛生部門任職，從事自己擅長的臨床心理學。後來，曾先後在美國凱斯大學和猶他州大學任教。

赫茲伯格在管理學領域擁有巨大的聲望，一方面是因為他提出了著名的「激勵—保健因素理論」，也即「雙因素理論」；另一方面，是因為他對「職務豐富化」理論所進行的開拓性研究。他與馬斯洛、麥格雷戈同被視為二十世紀五〇年代人際關係學派的代表人物。

赫茲伯格的主要著作有：《工作與人性》、《工作的激勵因素》、《管理的選擇：是更有效還是更有人性》、《再論如何激勵員工》等。

在《工作與人性》一書中，赫茲伯格在大量的研究與調查的基礎上，提出了著名的「激勵—保健因素理論」。

其中的激勵因素主要指：成就、讚賞、工作本身、責任以及進步，而保健因素主要是指：良好的公司政策與管理方式、良好的上級監督、工資、人際關係以及工作條件。然後，赫茲伯格對這兩項因素進行了詳細的分析，指出其利弊。最後，赫茲伯格指出了人怎樣才會真正快樂。

工作與人性

二十世紀五〇年代末期，赫茲伯格與莫斯納和斯奈德曼合作，進行了一項大規模的試驗研究，目的在於驗證下述假設：人類在工作中有兩類性質不同的需求，一是作為動物的要求避開危險，免除痛苦的需求，二是作為人的要求在精神上得到不斷的發展、成長。當時，在管理學界有一種認識：薪資和業績相互搭配、員工持股、年終分紅等經濟獎勵，是激勵員工努力工作的主要因素。但是，這種理論在實際中卻沒有得到應有的重視，因此，也就不會在企業管理真中正發揮作用，相反的，由於方法不當，還給企業帶來了一定的損失。為了解決這個問題，赫茲伯格作了大量的考察與分析，得出了重要的結論。

該試驗研究的對象，是美國匹茲堡地區各行各業的二百名工程師與會計師。研究人員與這些人逐一進行面談，以調查他們對待工作的態度。在談話過程中，要求每個被調查者回憶起在他工作中的一件或幾件當時自己特別滿意的事；還要求他解釋一下當時自己為什麼會感到滿意，以及這種滿意感是否會影響到他的工作表現、和其他人的關係以及家庭的幸福；接著，又要求每個人回憶在工作中令自己感到特別愉快的事。當然，所有這些事件都必須是具體的，有具體的時間、地點和情節的，而且要與工作有直接的關係。

在赫茲伯格看來，讓員工感到滿意的因素，往往有以下五種：成就、讚賞、工作本身、責任以及進步。其中，讚賞是指對工作成績的認可，而不是指那種為了改善相互之間的關係而故意採取、具有拉攏人心的意味的措施，因為，後者是不能讓員工從心裏感到滿意的。就影響的持久程度而言，工作本身、責任、進步的作用較強。另外，值得人們注意的是，員工感到滿意往往是因為具備這五種因素中的某一種，但是當他們感到不滿時，卻很少是因為缺少這五種因素中的一種或幾種。最容易導致員工不滿的，也有五種因素。與以上五種因素正好相反，它們所發揮作用的時間都不長，而且很難成為讓員工感到滿意的因素，即使充分具備並且強度很高，所產生的作用也不會太明顯。這五種因素是：良好的公司政策與管理方式、良好的上司監督、工資、人際關係以及工作條件。

其實，上述兩類因素有著本質的區別。「滿意因素」，即導致員工滿意的因素，多來自於工作任務本身，比如，工作的內容、性質、工作成就以及別人對他的工作表現的承認，工作責任、工作能力的提高等。「不滿因素」，即導致員工不滿意的因素，則多來自於周圍的環境，比如上級的管理與監督、工作條件、人際關係、工作報酬等。

「滿意因素」與「不滿因素」，都反映了人們在工作中對各方面條件的需求，都是品質愈高（或數量愈多）愈好。然而，「不滿因素」與環境條件相關，其作用是預防出現不滿，因此，又被稱為「保健因素」，在這裏，赫茲伯格借用了醫療名詞，它的意思是「預防和環境衛生」。美國電話電報公司的羅伯特•福特，把這類因素又稱作「維持因素」，這種說法也是很貼切的。「滿意因素」可以激發起人們在工作中積極進取、爭取做出成績的勁頭，因此，又被稱為「激勵因素」。

上面所述只是對面談對象（工程師和會計師們）描述的各種令人滿意或不滿意的事件進行分析統計的結果，只屬於第一個層次的內容。下一步，就要分析他們對於自己的態度變化或感情變化所做出的解釋，即第二個層次的分析。分析的結果是：包含保健因素的事件能導致人們對工作不滿意，是由於人具有避免不滿意的需要；而包含激勵因素的事件能使人們對工作滿意，是由於人具有成長與自我實現的需要。

從心理學角度來看，這兩種工作態度分別反映了人們的兩種不同的需要結構：一種需要體系是為了避免不滿意，另一需要體系則是為了促進個人成長。保健因素反映了，員工要不斷地調整自己，以適應環境的要求，卻不會對心理成長產生作用。然而，人之所以要整天忙忙碌碌的工作，實質上是因為人都需要取得成就，以滿足心理成長的需要。一個孩子想要學騎自行車，其心理成長的需要是想使自己比別的孩子能力更強，本領更多。然而，假如慈愛有嘉的父母向孩子提供的是最安全最保險的練習環境、最專業的技術指導以及各種各樣的獎勵，卻不使孩子有自由決定的權力，那麼，他是永遠也學不會的。因此，不可能透過愛使一個工程師產生創造力，儘管這樣做可能消除他的不滿感。創造力的產生需要的是去做一種具有創造性、危險性的工作，而不是走別人鋪好的路，或者是被人用雙手扶著走。

透過這一層次的研究，赫茲伯格得到了以下兩點基本的發現。首先，導致員工產生滿意感的因素與導致員工產生不滿意感的因素，是彼此獨立、互不干涉的。其次，這兩種感覺也不是相互對應的，即工作滿意感的對立面不是工作不滿意，而是沒有工作滿意感；工作不滿意的對立面也不是什麼工作滿意，而是沒有工作不滿意。

另外一種分析，能幫助人們進一步理解這一認識工作態度的新思路。即，我們可以把工作滿意感視為視覺，而把工作不滿意感視為聽覺。很明顯，這是兩個獨立的概念，刺激視覺的是光線，而增強或減弱光線對一個人的聽覺不會產生影響，同樣的道理，提高或降低刺激聽覺的因素，對視覺也不會產生什麼作用。

另外，每個人都具有多種行為特徵。這些為數眾多的行為特徵，都可以被視為是正常的，這主要取決於人們對不同文化的接受程度。從這個意義上來說，有關工作的激勵理論，已經擴展到了心理健康以及心理缺陷的概念上了。習慣上，心理健康一直被視為是心理缺陷的反面，即心理健康僅僅是尚未發現心理缺陷。這種傳統的觀點使得人們把注意力大都放在心理缺陷上，如憂慮及其機制、過去的挫折、孩提時代的創傷、令人苦惱的人際關係、惡劣的工作環境等等，進而忽略了心理健康的重要性。

激勵一保健因素理論，在討論心理調節問題時，著重強調以下三點：第一，心理健康和心理缺陷不屬同一範疇，它們分別代表是的健康的程度和缺陷的程度。前者顯示一個人對激勵因素的反應程度，後者則表現了一個人對保健因素的反應程度。第二，對個人的激勵以及對心理的調節，長期以來都被人們忽視掉了，不僅專家們沒有進行過此方面的研究，在實際應用中，人們對此也不大重視。第三，給心理缺陷賦予新的定義。引起心理缺陷的因素屬於保健因素的範疇，它反映的是人所處的環境。如果缺乏這類因素，將會引起心理缺陷，然而，卻不會對心理健康產生什麼影響。

為使管理人員瞭解到，如果公司雇用了保健因素追求者，會給公司帶來什麼樣的後果，在這裏，有必要對此類人的特點多討論一些。

第一，追求保健因素的人與追求激勵因素的人是正好相反，他們受到的激勵主要來自工作環境，而不是工作本身。

他們對工作中保健因素的不滿意感是經常的，並且會日益加重，因為這是他們生活的中心。因此，這類人對保健因素的改善極為敏感，如果老闆給他加一次薪，他就會覺得自己的老闆是天底下最好的老闆，雖然幾分鐘以前，他還對這個人恨之入骨。然而，保健因素的滿足是短期的——當然這種暫時的滿足，對追求激勵因素的人也是非常重要的，因為，這是作為動物的人類的一種天性。

第二，追求保健因素的人很少能從工作成就中體會到滿足，他們甚至對自己工作的種類與性質漠不關心。

造成這種奇怪現象的原因是，他們到此工作只是為了求得保護和不受傷害，至於什麼成就、榮譽之類的事情，對他們來說意義不大。因此，這類人是不會對生活抱積極的態度，也不會積極的工作的。他們不求從工作經歷中獲得業務上的進步，他們惟一所求的是一個舒適的環境，自己能夠在其中舒適的生活。即使能用像工資、工作條件那些暫時的滿足激勵他們，他們也不會產生自發的動力。因此，很多公司只好不斷地激勵他們，甚至直接將他們掃除出門。

第三，追求保健因素的人是極端個人主義者或是極端保守主義者。

他們機械地照搬管理信條，為了做到這一點，他們在工作中能做得比總經理還像總經理。然而，隨之而來的問題是：他們在工作中取得成功，是他們用自己的才能和辛勤勞動換來的嗎？換句話說，假如一個人工作得好是因為滿足了保健需要，那麼這與因為滿足了激勵需要而工作得好有什麼關係嗎？關於這個問題，赫茲伯格從兩個方面給出了答案：

首先，假如在由追求保健需要的人擔任的工作中，才能是最重要的工作要求的話，那麼，這些人無疑會使企業破產。因為這些人受到激勵時，只會在短時間內產生效果，並且，他們只有在得到外在的獎賞之後才會受到激勵，進而奮起工作。因此，當公司出現了突然情況，並且無暇顧及保健需要時，這些佔據了關鍵職位的追求保健需要的人就會束手無策。

其次，追求保健需要的人，把自己受激勵的方式逐漸灌輸給了他們的下級，使自己的下級無形中在頭腦裏也形成了這種觀點。當這些追求保健需要的人在企業中身居高位時，他們就能夠在自己所控制的部門中，形成一種追求外在獎勵的氣氛。由於他們具有的這種優勢，使得他們對控制這種氣氛得心應手。然而，他們也必須得明白，這種方式不能對企業進行長期有效的管理。

因此，如果追求保健需要的人擔任領導者，必定會不利於管理人員的發展。因為，所謂發展，就是使下級人員獲得個性成長與自我實現的機會，而這些領導者是不會為自己的下屬提供這樣的機會和環境的。

透過對一個人感到滿意的根源進行深入的研究與分析，赫茲伯格對心理調節大致進行了如下的分類：

第一類調節的特點是自我實現。因為對生活和工作回報的不滿，這類人理應屬於不愉快的激勵因素追求者。儘管他們在工作中取得了自我實現的滿足，然而，在保健因素方面他們卻所得甚少。這種情況雖然對心理健康不會有什麼影響，但卻會影響他們的情緒，使他們顯得無精打采、悶悶不樂。因此，這些在工作中表現得十分出色的激勵因素追求者，在公司中的形象卻是牢騷滿腹的傢伙。

第二類是無徵兆調節。本來，這類人也主要靠追求激勵因素來獲得滿意感，然而，由於在他們的生活中缺少這樣的機會，進而使這種成長的需要越來越小。然而，這類人的保健需要卻能夠得到充分的滿足。

第三類調節的特點是積極向上、心理健康的。這類人屬於健康的激勵因素追求者。他們基本上對生活感到非常滿意，這是因為他們生活的環境中激勵因素是至高無上的。並且，這些因素對於提供個人成長的感受是必需的。這類人能夠最大限度的擺平工作與娛樂的關係。在他們看來，人生的最高目標就是根據自己的能力，並結合現實中為自己提供的條件，透過努力工作來充分地實現自我，使自己成為有創造性的、獨一無二的個體。對他們來說，最重要的是要有好的生活環境，或是能夠成功地避免不利的保健因素。鑒別一個人的心理是否健康，主要看以下幾個方面的因素：第一，他們是透過個人成長的經驗來尋找生活的滿意感；第二，他們多次獲得了成功；第三，他還應該有足夠的能力和耐心等待成長機會的降臨。總的來說，心理健康者既成功地滿足了激勵的需要，又成功地滿足了保健的需要。

第四類屬於心理缺陷者的調節。這類人追求的也是保健因素，不同的是，他們卻沒有得到滿足。

第五類近似於「修道士」式的調節。在追求保健因素的過程中，這類人顯得非常有趣，他們在生活中也想藉助於一種需要體系。但是，他們在實現自己的保健需要時所使用的方式，卻是對這些需要的否定。

第六類主要是針對保健因素的調節。在現實生活中，這類人顯得十分悲慘的。他們本來是要追求激勵因素的，然而卻沒有得到任何心理成長的機會，並且又發現被剝奪了實現保健需要的權力。因此，這種人的最終結果是兩種需要體系都沒有得到滿足。

第七類屬於強調節。它主要是指，人的心理狀態在突然之間發生了質的跳躍，即一下子由健康狀態變到缺陷狀態。那些屬於這類調節的人，都有一些共同的特點，那就是：他們從保健因素中獲得了積極有效的滿意感覺。實際上，這反映了一種從追求成長到追求舒適環境的動機的轉化。這類人追求的是保健因素，所謂「強調節」是針對他們的動機方向而言，換言之，「強」就強在他們的滿意感是來自外在的環境，而不是自身的因素。儘管他們中有不少人可能會取得相當驕人的個人成就，然而這也不會導致成長的機會，因為保健因素的滿足只是暫時的，而且帶有某種麻醉的性質。

最後，激勵—保健因素理論認為，心理健康與個人過去的經歷的關係非常密切。一個心理健康的人的經歷，顯示了他在自我實現中所取得的成功。與此相對的是，心理缺陷也取決於過去的經歷，只是這兩種經歷的性質正好相反。

一個心理不健康的人，總是喜歡將自己與周圍的環境聯結起來。這種人在尋求滿意感時，主要考慮的是由客觀現實、其他人，還包括社會和文化所構成的種種限制。在日常的工作環境中，這些限制包括公司管理制度、人際關係等各個方面的因素。而在更加廣泛的生存調節中，周圍環境還包括文化禁忌，對物質生產的社會需要以及有限的國力等。這些追求保健因素的人也渴望滿足，渴望心理健康，但是他們的行為方式卻表現為極需「保護」性的。因此，心理缺陷是一種相互矛盾的現象——努力否認一種需要，而在內心中，卻非常渴望獲得這一需要。

另外，需要重申的是，人具有兩種需要：

本能需要與心理需要，前一類因素可導致人痛苦，後一類因素可導致人愉快。那些只追求本能需要的人，註定要生活在痛苦之中。而那些追求心理需要的人，則會透過努力工作，或者是充分發揮自己的才能，進而取得令自己也令別人滿意的成績，以求自己的心理平衡。當然，人不能只追求心理需要而不顧本能需要，畢竟人具有動物的天性，自然會表現出動物的一面。所以，**只有在滿足了本能需要以避免痛苦，並且又滿足了心理需要而獲得成就感之後，人才會真正感到快樂。**

《讓工作適合管理者》

弗雷德・菲德勒：權變管理創始人

我們應當嘗試著變換工作環境使之適合人的風格，而不是硬讓人的個性去適合工作的要求。

——菲德勒

弗雷德・菲德勒（Fred E. Fiedler），美國當代著名心理學家和管理專家，美國華盛頓大學心理學與管理學教授，兼任荷蘭阿姆斯特丹大學和比利時盧萬大學客座教授。

菲德勒出生於一九一二年，早年就讀於芝加哥大學，並獲得了博士學位，一九五一年移居伊利諾州，擔任伊利諾大學心理學教授和群體效能研究實驗室主任，一九六九年前往華盛頓。

菲德勒從一九五一年起由管理心理學和實證環境分析兩個方面研究領導學，二十世紀七〇年代提出了「權變領導理論」。「權變管理」的思想，打破了傳統企業管理中所提倡的普遍性管理原理，它的核心思想是：「沒有最好的，只有適合的」。這種理論開創了西方領導學理論的一個新階段，使以往盛行的領導形態學理論研究，轉向了領導動態學研究的新方向，對以後管理思想的發展產生了重要的影響。

菲德勒的主要著作有：《讓工作適應管理者》、《一種領導效能理論》、《權變模型——領導效應的新方向》、《領導遊戲：人與環境的匹配》等。

《讓工作適合管理者》是菲德勒第一篇有系統地闡述權變領導理論的著作，一九六五年發表於《哈佛商務評論》雜誌上。在《讓工作適合管理者》中，菲德勒首次提出了領導方式取決於環境條件的著名論斷。雖然菲德勒在以後發表的著述中，又對自己的理論作了許多修改和補充，但他的思想框架在這篇論文中，已經得到了比較完整的印證。

在《讓工作適合管理者》中，菲德勒先對以前的理論進行了描述，指出其缺點。然後，又分析了兩種處於極端的領導風格。最後，對影響領導者的環境因素進行分析，目的是要解決一個問題，那就是：要使工作環境適合領導者，而不是讓領導者適合工作環境。

菲德勒的權變領導理論，遠遠超越了傳統的選拔和培訓領導人的觀念。它所強調的是，管理層的領導潛能應該得到更充分地利用和發揮，從這個意義上說，組織變革（即改變組織環境）可能成為一種非常有效的辦法。

在其他的領導學家還將注意力集中在企業領導者到底採取哪種領導風格更為有效時，菲德勒已經把自己的研究方向轉移到更重要的問題上：民主和專制這兩種領導風格，分別適用於什麼樣的環境。菲德勒認為，一個組織的成功與失敗，在很大程度上取決於它的管理人員的素質，即取決於領導者。誠然，如何尋求最佳的管理人員即領導者，是一個十分重要的問題。但更現實、更重要的問題是，如何更好地發揮現有管理人員的才能。

在過去，為了得到高素質的管理人員，企業採用的辦法往往是招聘、選拔和培訓。菲德勒指出，過去依靠培訓使領導者的性格適合管理工作的需求的做法，從來沒有得到真正的成功。相比之下，改變組織環境，即領導者所處的工作環境中的各種因素，要比改變人的性格特徵和作風要容易得多。我們應當嘗試著變換工作環境，使之適合領導者的風格，而不是一味的要求領導者改變自己的性格去適應工作的要求。

企業中的領導職務，要求任職的人要具有極強的適應性，這樣，就使得合格的、勝任的企業領導人員變得越來越少，也越來越難找了。過去有一段時期，似乎到處都能發現所謂「天生的領導者」，他們素質極佳，前程不可限量，而且人數眾多，甚至信手拈來。可現在，這種情況已經不存在了。因此，每個企業都應該抓住現有的領導人才，像使用廠房、設備那樣，使他們盡可能發揮出最大、最有效的作用。

在《讓工作適合管理者》一書中，菲德勒試圖闡明這樣一種觀點，那就是如何去修改和改變工作環境，以使其能夠更好地滿足領導工作的需要。事實證明，在某些環境條件下，領導者採用專制式的領導方式會取得更好的效果，而在另一些條件下，民主型的領導者工作起來會更加得心應手。在任何一種環境中，我們都有可能改變那些與領導者固有風格相抵觸的客觀因素。如果一個組織的最高層領導者能夠明白這一點，他便可以為中層領導者設計出適合他們各自風格的工作環境，進而提高他們的工作效率。

領導風格

菲德勒首先從領導風格入手，對權變理論進行研究。在這裏，他所謂的領導是指一種人際關係，也就是某一個人指揮、協調和監督其他人完成一項共同的任務。這一點，在那些所謂「相互影響的工作群體」，顯得尤為重要。這是因為，在這種組織裏大家必須相互合作、共同努力才能達到組織的目標。

領導者管理下屬的方式，可以簡單地分為兩種：一是對下屬進行明確的分工，並告訴他們應該怎麼做；二是與組織中的成員共同分擔領導工作和責任，讓他們參與進來，與自己一起規劃並實現組織的目標。

當然，這兩種極端的領導風格，都存在著一些缺點，但是，毫無疑問，它們都達到了激勵組織成員並使之配合協調行動的目的，只是使用的手段不同而已。一個是揮舞起權力的大棒，逼迫人們不得不去工作，另一個是以友善的態度，用「胡蘿蔔」誘使人們與之合作。前者是傳統的以工作任務為中心的專制獨裁的領導風格，而後者則是人情味十足的以群體為中心的民主開放的領導風格。

研究結果顯示，上面兩種領導風格，分別適用於不同的工作環境。為了使領導者的風格與工作環境的需要相吻合，菲德勒提出了以下兩種方法，以供管理人員參考：

第一種方法是，先弄清楚在某一項具體的工作中，究竟使用哪種領導風格會取得更好的效果。然後，選擇具有這種風格的管理者擔任這項工作，如果實在沒有合適的人選，可以對現有管理人員進行培訓，使之具備與工作環境相適宜的風格。

第二種方法是，先確定某管理人員最適合採用什麼樣的領導風格，然後，改變他的工作環境，使新環境能夠適合這個人的風格。

前一種辦法就是傳統的人員招聘和培訓方式，學者和專家們對這種方式已經進行過大量的研究。但是，以往我們從未認真考慮過第二種方式，是否比第一種具有更強的效果？這正是菲德勒真正關心的問題。

具體環境下需要什麼樣的領導風格

怎樣才能改善那些與領導者風格不相匹配的環境因素？如何才能根據領導者的風格，設計出與之相適應的環境呢？

一九五一年，菲德勒在海軍研究部的資助下，開始了關於領導效率問題的研究。為了弄清領導效率和群體的關係，他們詳細調查並深入分析了一千二百多個群體，這些群體包括大學的籃球隊、平爐煉鋼廠、勘探隊、軍事小分隊以及公司裏的董事會等等。

在分析領導者的領導風格時，菲德勒首創了LPC問卷方法。這種方法的實質是，讓每個群體的領導者對他「最不能合作共事」的同事，按照一連串「正反兩極」式的專案進行評分。當然，這些同事不一定非得是當時在一起工作的，以前的同事也可以包括在內。根據評分的最後結果，可以測定這個領導者對待同事的態度。假若一個領導人對自己最不喜歡的同事，仍能給予較高的評價，那就說明他可能是那種會關心人、比較寬容的領導。在日常的工作中，他會有民主式的領導風格，因此，他的LPC分數值就會較高；而那些對自己最不喜歡的同事給分較低的領導者，則可能是以工作任務為中心的領導者，他的領導風格更多地表現為專制性的，其LPC分值較低。

菲德勒的研究結果顯示，專制型的領導在籃球隊、勘探隊、平爐煉鋼廠以及企業管理人員的群體中，表現的相當出色；而在各種創造性的工作群體中，要求領導者和下屬能夠和睦相處，相互協商，因此，民主型的領導者更容易做出成績。

關鍵因素

事實說明，適用於任何環境的、「獨一無二」的最佳領導風格，不可能存在。某種領導風格只是在特定的環境中才可能獲得最好的效果，而不會適應於任何環境。一位在某種環境中能取得成效的領導者（事實上，他代表了一種領導風格），在另一種環境中就不一定會那麼有效。因此，必須要對各種環境進行研究，找出它們各自的特點。但是，決定組織環境的分類的因素又有多種。長期研究的結果說明，三類主要的環境因素條件，決定了幾乎所有特定環境所適用的領導風格。

一、領導者與下屬的關係

之所以先對它進行分析，是因為領導者與員工的關係是最重要的環境因素，它將直接影響領導者對下屬的影響力和吸引力，同時還反映了下屬對領導者的信任、喜愛、忠誠和願意追隨的程度。受歡迎的領導在工作過程中，不會炫耀自己的權利和地位，因為他們不需要透過這種方式來加強自己在下屬中的影響。事實上，下屬都自願追隨他並執行他的命令。

二、任務結構

工作任務的結構是第二個重要的環境因素。它實際上是指下屬工作程序化、明確化的程度。如果工作的目標、方法、步驟都很清楚，那麼領導者就可以下達具體的指令，下屬所要做的也只是執行實際的任務。相反的，則無論領導者還是下屬，都不清楚應該做什麼，到底怎樣做。結構清楚明確的工作任務，非常適合於實行專制型的領導者，因為這種領導者可以很容易的下達程序化的工作指令，並可以按步驟分別檢查各階段各個人的工作成績。相反的，如果工作任務含混，領導者的控制力勢必就會很弱，而這恰好為群體提供了良好的表現機會，有利於創造力的發揮。在一般情況下，領導群體完成一個結構化的任務比完成一個非結構化的任務要容易得多。

三、職位權力

在本書中，菲德勒將領導者所處地位（職位）的固有權力作為最後一個環境因素。職位權力是指與領導職位相關的正式權力，即領導人從上級和整個組織各個方面取得的支援的程度。比如，他是否有雇用和解員工工的權力，是否有提升下屬的權力。領導者職位權力不是來自領導者個人（如，自身具有的能力，擁有的知識水準等）的權力。職位權力較強的領導者，指揮起來會更加得心應手。

環境分析模型

依據各環境因素的好壞、高低、強弱，領導環境可以分成八種，在這裏不一一敘述。那些擁有強大權力、受員工愛戴的領導者，在帶領下屬完成結構性很高的工作任務時，將處於最有利的工作環境之中，因此，任務完成的也就比較容易。相反的，在另一種環境下，工作目標和任務模糊不清，領導者又沒有多大的權力，並且得不到下屬的支持，在這種情況下，領導者要想完成任務，就會顯得很吃力。比如，一個受人尊敬的建築工地工頭，帶領工人按設計好的藍圖施工，就比一個由志願人員組成的委員會，在不討人喜歡的主席主持下計劃一個新政策要容易得多。

菲德勒認為，在三個環境因素中，最重要的是領導者與員工的關係，最不重要的是職位權力。

不同環境條件要求不同的領導風格

在經過大量調查研究後，菲德勒指出，在不同的環境條件下應當採取不同的領導方式，只要方法得當，便可取得很好的效果。從這一意義上來說，採取以人際關係為中心的民主型的領導方式，會取得很好的效果。

環境是不斷變化著的，這是一種客觀規律。當環境因素發生變化時，與之相適應的領導風格也應該發生變化。因此，即使一個管理者的領導方式與當時的環境要求一致，並且，在當前的條件下，他工作起來十分順手，這也不意味著他就永遠適合於做這個工作，除非自己的風格能夠隨著環境的變化而變化。

比如，在一個工作程序很清楚很明確的企業中，領導者精明強幹，並且倍受員工信賴，更重要的是，他也確實取得了很好的工作成績。當企業突然面臨危機時，經理便會把顧問們請來，一起商量對策。在這個例子中，領導者就運用了兩種領導風格，在順利時，經理只需要下達命令就行了，因此，他實行的是專制型的領導風格；而當公司面臨危險時，他要和顧問們商量，徵求大家的意見，此時，他實行的就是民主型的領導風格。這一點實際上就是領導風格隨環境變化而變化的例子。

菲德勒的理論經受住了大量實際經驗和實驗結果的驗證，因此是可靠的，是能夠站穩腳跟的。以領導者與下屬的關係為例，他分析了若干「B-29」轟炸機組，三十個防空分隊以及三十二個小型農場用品供應公司的情況。這三項研究所得的結論十分相似：當領導者倍受下屬信賴或下屬與領導者之間的關係十分惡劣時，領導者應當採用專制型的工作方式；而在不那麼極端的中間情況下，一般來說，民主型的領導者更容易做出成績。

根據環境對領導者的有利程度，對領導者所處的工作環境分類，最有利的工作環境是：成員間沒有語言障礙，由受下屬尊重的專業人員領導，其任務是為某一問題尋求最短的路徑；最不利的環境是：由新手領導者的語言不通的小組，工作任務又是擬定徵兵信函。當然，這只是一個比方。

有意思的是，那些由不同語系的人員組成的小組，通常只有在專制型的領導者控制下，才能有效地進行工作。這一點，與那些跨國公司裏的情況不謀而合。

最後，菲德勒對全篇做了一個簡短的總結。他認為，傳統的依靠招聘和培訓來使管理人員適合工作環境的做法不是好辦法。目前，各企業都在設法吸引那些經過良好培訓而且有豐富經驗的人充當領導者，這些人絕大多數都是些專家且年事已高，他們的才智已經很難與日俱增，也不會有什麼發展前途，所以，企業的明天是不能依靠這些技術專家的。

企業可以把人員培訓成具備一定風格的經理，但是這個培訓的過程很困難，而且成本很高，時間也很長。與之相比，按照經理人員自己固有的領導風格，分配他們擔任適當的工作，要比讓他們改變自己的作風以適應工作環境容易得多。

菲德勒認為，最高領導人應當學會分析和識別工作環境，還要學會看人、用人，根據個人的實際情況，將他們分配到與他們的風格最適合環境裏去工作。一種具體環境，究竟需要什麼樣的領導風格，取決於環境對領導者的有利程度，而這種有利程度又由若干環境因素決定。如領導者與員工的關係，全體成員的經歷是否相似，工作任務是否明確，領導者是否能夠很好的瞭解下屬等等。

《渴求成就》

大衛・麥克里藍：激勵理論的巨匠

成就需要強烈的人，往往能做出很大的成就，因為他時時想著如何把工作做得更好。

——麥克里藍

大衛・麥克里藍（David C. McClelland），美國當代研究動機的權威心理學家、管理學家，出生於一九一六年，畢業於衛斯理安大學。麥克里藍曾先後獲得過哈佛大學碩士學位，耶魯大學博士學位。畢業後曾任哈佛大學心理學教授，兼任麥克伯公司董事長。

麥克里藍對管理學的重要貢獻集中在人的激勵理論方面。麥克里藍的主要著作有：《渴求成就》、《權利的兩面性》、《取得成就的社會》、《權利：內省經驗》、《成就動機是可以培養的》等。

在《渴求成就》一書中，麥克里藍在大量且長期的實驗基礎上，對A型人，也就是具有強烈成就感動機的人進行了描述，並詳細介紹了這一類型人的主要特徵。接著，麥克里藍又介紹了成就需要與激勵理論，找出了是什麼樣的原因，使得有些人的成就需要感如此強烈。最後，簡單論述了如何培養人們的成就感，以及成就感給個人、企業和國家帶來的好處。

「A型動機」及其性格特徵

世界上的人，一般可以從心理上劃分為兩類：一小部分人願意尋求機遇和挑戰，願意努力工作以取得令自己滿意的成就；一大部分人則對此抱無所謂態度。

許多年來，心理學家們一直試圖解釋這樣一個有趣的問題：成就感是不是一種偶然現象？這是一種純粹的動機（例如為了積聚財富、權力、名聲）還是複合的動機（為了實現自我的需要）？最重要的是，成就感是否能夠透過某些方式培養起來？

在若干年以前，心理學家們對四百五十名賓州伊利鎮一家工廠的失業工人，進行了仔細的調查和研究。結果顯示，大部分失了業的工人先在家休息一段時間，然後到就業總署去登記，看看他們原先的工作或類似的工作是不是在招聘人員。但也有少數人做出了與眾不同的反應：從失業的當天起，他們就四處活動，積極地尋找工作。這些人不僅到賓州就業辦公室登記，還到美國就業總署登記；他們還仔細閱讀報紙上的招聘廣告，到各處的工會、教會、各種兄弟會尋求幫助；他們還參加訓練班學習新的職業技能，以拓寬求職門路；他們甚至離開家鄉到外地尋找工作。相反的情況是，有的人即使外地有工作，也不願意離開伊利鎮。

我們可以很容易的看到，上述這兩類行為方式大不相同的人，所處的環境大體上是一致的：失業不久，亟需工作、金錢、食物、住所、生活保障，但實際情況是，只有少數人積極主動地去闖去爭取，多數人卻寧肯忍受失業的熬煎，也不願意下大力氣為自己尋找出路。經過多年的觀察與研究，心理學家斷定，這少數人身上表現出的某種特定的人類動機，比其他人強烈得多，他們把這種動機稱為「A型動機」，它代表了人性中一些很重要的性格特徵。

從以上的分析我們可以得出，富有A型動機的人有三種性格特點：

喜歡自己設定具有挑戰性的目標

心理學試驗可以證實，如果有權自主確定工作的任務與目標，具有A型動機的人不會挑選太容易的任務，因為這樣的任務沒有挑戰性，同樣的，他們也不會挑選太難的任務，因為他們很有自知之明，並且也希望從任務的成功中體驗成就感。他們總是挑選難度適中的任務，以照顧自己各方面的需要。例如，在套圈遊戲中，允許每個人自己選擇站立位置，也就是確定擲圈的距離。多數人都是隨意選定，有的人站得太近，有的人站得太遠。而A型動機強烈的人，總是認真、仔細地考慮自己的位置和距離，使得擲圈成為一種帶有某種嚴肅性的遊戲。他們既不會站得太近，以至太容易套上，顯得十分可笑且沒有挑戰性；又不會站得太遠，以至不可能套上。這些人選擇的目標是難度適中的，成功機會大致上是一：三，也就是說要有挑戰性，必須經過自己的一番努力才能夠得到。

喜歡透過自己的努力解決問題，不依賴偶然的機遇或者坐享成功

在現實中，A型動機強烈的人，只有在自己對工作的成果有一定的把握的情況下，才會如此行事。他們不喜歡碰運氣，做事情不抱僥倖心理。如果某件事情有兩種可供選擇的途徑，一種需要他們付出切切實實的努力，另一種可以偷點懶，但卻帶著賭一把的意味，儘管這兩種途徑的成功機會都是一：三，這些人一定會選擇前一種解決方法。

要求立即得到回饋，弄清工作的結果

試驗顯示，A型動機的人重視的是個人成就，喜歡在工作過程中看到自己的價值，而不會對成功或報酬本身產生太大的興趣。這就導致了他們的另一個性格特徵：希望儘快得到具體的資訊回饋，瞭解工作的結果。所以他們喜歡當推銷員，喜歡打高爾夫球，因為工作結果可以立即看到。他們不願意當教師，因為這樣的工作成果要多年以後才會見分曉。

成就需要與激勵理論

A型動機強烈的人之所以這樣行事，是因為他們一有時間，就會考慮如何把事情做得更好更令人、

滿意。心理學家往往用抽樣方式，判定人們在即興思維時想到「把事情做得更好些」的頻率，以此作為測定個人「成就需要指數」的依據。經常考慮把事情做得更好些的人，顯然有較強的成就感，所以他們積極地尋找職業，主動地設定挑戰性目標。他們不喜歡碰運氣，喜歡從自己的努力中體驗到成功的喜悅，以及樂於從事改進效用和可以很快看到結果的工作。可是，這些人為什麼會經常想到把事情做得更好些呢？事實證明，這種想法並非與生俱來，而是後天培養的結果。比如，父母親在家裏為孩子設立中等難度的成績目標，並熱情鼓勵和幫助孩子達到這個目標，這樣，就讓他們從小樹立一種勇於接受挑戰、奮力實現自己的目標的觀點。

許多政府政策和企業政策都以下述過於簡單化的假設為基礎：如果受到壓力，人們就會工作得更加努力。作為一種粗糙的假設，上述說法並不全錯，但從總體上看，它容易使人誤入歧途。就拿伊利鎮上的失業工人來說，他們處於同樣的壓力之下，即他們必須找到工作以維持生活。但是，只有成就需要強烈的人在努力求職，其他人卻在消極的等待。這是因為人們的需要不同，動機不同，行為模式也就不同。

在一次心理試驗中，心理學家要求參加者選擇自己的工作同伴。結果，那些成就需要指數高的人寧願放棄關係密切的朋友，而去選擇專業技術水準高的人。而那些社會交往需要強烈的人，則寧願選擇朋友而不選擇熟悉預定工作任務的專家。可見，後一種人並非「缺乏動機（動力）」，只是他們的動機（動力）不來自於成就需要，而是來自於社會交往的需要。還有一種與成就感相似的需要，即權力需要。有時候這兩種需要難以明確區分，因為成就需要和權力需要都會促使人們有「傑出」的表現。但二者還是有根本區別的：**權力需要強烈的人，對政治感興趣，希望指揮和控制他人，希望控制向上和向下的資訊管道以便施加影響，掌握權力；而成就需要強烈的人，則對改進自己的日常工作更感興趣，他們力爭做出成績，從工作成績中看到自己的價值。**

進一步分析還證明，取得巨大成就的人，未必成就需要指數就會非常高，因為有些人的工作性質，要求他們具有其他性格特點而不是成就感。例如，軍隊將領和政治家必須將權力關係看的更加重要，而不能過分計較個人成績，科學家必須從長遠研究利益出發而不能過分計較當前成果，等等。與此相反，企業經理人員——特別是負實際責任的經理或者銷售人員，一般成就需要指數都較高。

辨別一個人的需要和動機屬於何種類型，並不是一件簡單的事情。因為，根據常識做出的判斷往往不準確，當事人自己的表白也未必可信。比如，一位將軍說他最強烈的願望是取得勝利（事實上他確已有所成就），一位企業經理說他只對公司利潤感興趣（他確為公司賺了不少錢），或者伊利鎮的失業工人說他們都萬分迫切地需要就業（因為他們明白自己確實有必要就業）。可是，經過仔細核查後你會發現，上述表白未必反映了實際情況，這些人真正關心的也許是完全不同的另一些事情，這就是所謂「內隱」需要，也稱為「內隱」動機。

成就需要可以造就富有創業精神的人物，無論工會領袖還是企業經理，共和黨人還是民主黨人，也不管是天主教徒還是新教徒，資本主義者還是共產主義者，都是如此。成就需要強烈的人往往能做出巨大的成就，因為他時時想著如何把工作做得更好。對一家公司來講，如果員工中這種人很多，那麼，這家公司就會經營得好，發展得快。對一個國家來講，如果企業發展得快，整個國民經濟也就隨之發展起來。正因為如此，人們發現如果一個國家流行出版物（如兒童課本）、流行歌曲等涉及成就感的內容愈多，那個國家經濟增長就愈快。二者之間的相關性顯示，如果一個國家時時想著如何把事情辦得更好些（表現在流行文學的內容中），實際上這個國家就會取得更大的經濟成就。

詳盡的定量分析可以證明，在古代的希臘，中世紀的西班牙，一四〇〇年至一八〇〇年的英國，以及許多現代國家，無論是資本主義國家還是社會主義國家，無論是已開發國家還是開發中國家裏，都存在上述現象。例如，印度的公立小學教材中，包括很多鼓勵孩子們努力奮鬥、自強不息、取得成就的內容；而信奉共產主義的中國更是如此。二者相比較，中國更傾心於改進自己的國家，而印度仍保留著相當多的宿命論色彩。因此，如果中國經過長期努力後擠入已開發國家之列，那是不足為奇的。所以，國家領導人理當重視本國人民成就需要的程度和水準，並有意識地培養人們的這種思想，尤其是那些經濟發展滯緩的國家。以英國為例，一九二五年前後，英國在兒童讀物的成就感內容含量方面列為二十五個國家中的第五名，當時它的經濟狀況相當不錯，是世界上經濟實力最強的國家之一。而到了一九五〇年，英國的上述得分下降為三十九個國家中的第二十七名。此時，英國領導人也痛感創業精神的消失所造成的嚴重的經濟後果。

培養成就感

認識到強烈的成就需要對個人和國家的重要性還不夠，關鍵是找到某種方法，以此來培養人們和國家的成就感。從一九六〇年開始，在麥克里藍的領導下，一批心理學家在哈佛大學以企業經理為主要研究對象進行了大量的試驗，創造了一種所謂「全壓」訓練班的辦法來提高參加者的成就需要。

起初這些心理學家對於試驗能否取得成功沒有絲毫的信心，因為當時美國心理學界普遍認為，人的基本動機是兒童時代形成的，以後很難改變，而且很多心理諮詢和心理治療對於轉變人的性格效果並不顯著。他們之所以最終決定進行這一試驗，是因為受到下述榜樣的鼓舞：戴爾・卡耐基（戴爾・卡耐基，美國著名的成人教育專家，運用心理學原理創造卡耐基訓練法，以人生哲學、人際關係和團結合作精神等為主要內容，在美國以及世界各地都有相當大的影響），共產主義理論家和教會傳教士——這些充滿熱情的人都相信自己能夠轉變成年人的思想，而且從實際情況看來，他們也確實做到了這一點。

麥克里藍等心理學家們舉辦的訓練班，針對企業經理們設定了如下四項主要目標：

- 透過培訓，讓參加者學會用成就感強烈的人慣用的方式去思考、交談和行動。
- 鼓勵參加者為今後兩年設定比較高但經過仔細推敲的目標，每隔六個月回訪參加者以共同檢查目標的進展情況。

■ 運用各種方法讓參加者更好地認識自己，如向集體解釋自己的行為，共同分析自己的心理、動機，進而打破舊有的習慣和態度，重新認清自己所要達到的目標。

■ 透過交流，瞭解別人的希望，彼此分享成功和失敗，徹底改變周圍環境和共同經歷打動感情的試驗，讓參加者增進團體意識和集體主義精神。

這種訓練班已經在美國大型公司、墨西哥企業和印度企業的經理人員中舉行過多次。統計數字顯示，受過訓練的人在兩年後取得的成就，明顯地高於條件類似但未受過訓練的人，因為前者的主動性和創業精神普遍有所提高。

這種訓練班可以幫助暫時處於困境、需要且有實力轉虧為盈的企業，因為在這個時候，經理人員應當表現出更多的企業家精神。它也可以幫助開發中國家或者已開發國家的貧困地區的人們，特別是低收入階層，開發和培養他們的成就需要及成就動機，以創造出更好的生活條件。例如，美國的下層黑人一般都極少有成就感和上進的動力，因為社會歷來有意壓抑他們爭取成就的努力；現在，當民族歧視已經消失的時候，有必要幫助他們建立起追求成就的動力，讓他們能夠充分利用世界為他們提供的機會。

麥克里藍堅信，人的需要和動機是後天形成的，是由環境決定的，因而也是可以改變、可以培養的。他的主張主要受到了來自兩個方面的批評：有些人懷疑他的理論，認為人的動機很難定向塑造；另一些人要求他拿出具體的辦法，對自己所在組織進行激勵，並且要求能夠立刻看到成效。對於種種質疑，麥克里藍回答道，這項試驗已經進行了差不多二十年，事實證明了它的潛力，但是迄今為止，所取得的成果仍然是初步的，還有許多問題尚無答案，有待進一步研究。同時，他還呼籲全世界的人們，都能夠認識到這一問題的重要性和這一研究的潛在意義，進而投入更多的時間、人力和資金使之得到更完滿的答案；而且不能把努力僅僅局限在訓練方法上，使少數的人受益，要在全社會形成風氣，鼓勵人們表達對成就的需要，讓建功立業、取得成就成為人們的一種習慣。

《權力的兩面性》

大衛・麥克里藍：激勵理論的巨匠

權力具有兩面性，一面是個人化的動機，另一面是社會化的動機。

——麥克里藍

在《權力的兩面性》中，麥克里藍指出，在人類社會的發展中，共出現了兩大類型的權力，即個人化的權利和社會化的權利。然後，麥克里藍對這兩種權力分別進行了詳細的論述，並把它們放在一起進行比較，指出只有社會化的權力才能適應社會發展的需要，也是最科學的、最合理的權力。最後，麥克里藍針對美國社會中青年人缺乏對權力的熱情的現象，提出了幾點解決這一問題的措施。

在本書中，麥克里藍進一步強化了自己的觀點：人的社會需要不是先天的，而是後天的，來自於環境、經歷和培養教育。尤其是在特定行為得到報償時，會強化該種行為模式，形成需求傾向。

權力的兩面性

麥克里藍在開篇中寫道：二十多年來，我一直在研究一種人類特有的動機——做出成就的需要和願望，想把事情做得比先前更好些的需要和願望。對成就的需要激發企業家勤奮工作、努力創新，促進企業的發展，進而成為整個經濟增長的關鍵因素之一。

在為新的社會文明奠定經濟基礎方面，這些取得成就的創業型人物不愧是走在最前沿的帶頭人物，但是，在他們當中，卻很少能夠產生率領眾人前進的領導者。造成這種情況的原因非常簡單：**成就需要強烈的人，習慣於單槍匹馬地闖出自己的路，不會牽涉別人也不願牽涉別人。**

一個有成就感的孩子在堆積木的過程中，不希望別人參與，因為他喜歡依靠自己的雙手和自己的大腦把積木堆得盡可能高，而且由自己來評判工作的結果如何。企業中的推銷人員和小企業老闆，就具有與此類似的性格特徵，也會做出與此類似的行為。

在研究成就需要的過程中，麥克里藍遇到很多與權力、領導和社會影響有關的問題，要對付這些問題，光有成就感顯然是不行的。比如，在企業規模不斷擴大的情況下，必須得有人負責分工、協調、監督和控制，而這一切工作，個人成就需要強烈的人未必能夠勝任。現實中還存在著不少這樣的例子，比如，一個好的銷售人員未必能當好銷售經理，一個個人成就很大的人未必能領導企業取得成就。這是因為，經理人員的責任是激勵眾人去取得成就，而不是只顧自己的工作成就對別人不管不問。

激發他人的成就感，需要有完全不同的環境和技巧。於是，對成就需要的研究，逐漸轉向了對組織環境氣氛的研究：即要創造出一種組織環境，使人們有取得成就的機會，並且，還要對有成就的人給予報償。

儘管成就需要強烈的人願意一個人埋頭苦幹，在現代特別重視合作的重要性的企業裏，這實際上是不可能的，他們必然會受到組織環境的制約，必然要由別人來管理、控制和領導。所以，最重要的是研究管理者和領導者的心理、性格特徵以及需要結構，以便幫助管理者找到解決問題的途徑。

由於管理者的首要任務是影響別人，因此，對權力的需要顯然是他們的主要性格特徵之一。**領導與權力是密切聯繫的兩個概念，研究權力動機將有助於理解企業管理中的領導方式。如果說成就需要對應著創業精神，那麼權力需要就對應著各種領導——企業領導，社會領導，政治領導，等等。**

成就和權力這兩種激勵機制之間存在著明顯的區別。一般來說（至少大多數美國人是這樣認為的），人們都以富有成就感為榮，但卻不喜歡被人認為有強烈的權力欲望。如果你總想把工作做得更好些（即成就需要強烈），或者總想多交朋友（即社會交往需要強烈），那就會讓人覺得不可思議，甚至招人討厭。

許多人認為，權力欲望的極端發展，最終會導致納粹式的專制獨裁，因此，人們普遍對權力需要、權力動機以及行使權力持批判態度和否定態度，或者至少說，人們對此沒有好感。

很多人看到的只是權力的消極的一面，這種看法不全面，也不完整，因為權力還有積極的一面。**在現代的企業中，相互協作非常重要，因此，人們不可能不互相影響，組織內也不可能不建立某種權力關係。**總得有人來從事企業的管理，制定集體的目標，控制對企業的影響因素，找到進行有效控制的管道。

所以，我們應該正確地理解權力的兩面性。例如，在什麼場合下權力會產生不好的影響，在什麼場合下它又會產生好的影響，並且是必不可少的；為什麼人們會對權力有一種不好的印象；權力的哪些方面可以被人接受，哪些方面又會讓人反感；什麼時候行使權力合適，什麼時候行使權力會讓人產生反叛心理；是否存在不同類型的權力需要和權力動機等等。

心理學家約瑟夫·維洛夫，哈佛大學的工作人員厄爾曼和溫特等人，曾使用所謂「喚起」試驗法研究權力動機的特徵及其對人類的影響。在這類試驗裏，研究者透過各種方式「喚起」部分參加者的權力意識、權力願望等（例如，競選公職後等待選舉結果揭曉的候選人，就處於權力動機被「喚醒」的狀態），然後讓他們表達自己的思想活動內容（例如，要求每人寫出一篇故事，透過這種方式對自己當時的想法進行描述）。然後，再與未被「喚起」的其他人相比，透過定量分析判斷權力意識的表現形式。試驗結果證明，權力需要的基本特點，最終是希望影響他人，使自己在他人的心目中佔據一席之地。

進一步研究還顯示，有兩種不同的權力觀念，一種是「社會化權力」，另一種是「個人化權力」。前者以影響他人為核心，但出發點在於為他人著想，而不是為了自己的利益，後者則以實現個人的統治為核心。兩者的行為表現大不相同，這實質上也就是權力的兩面性。

權力的一方面表現為個人化的動機。擁有這種動機的人，頭腦裏充滿的是個人的權力，他們一心想擊敗對手，在他們眼裏，生活就是你死我活，勝則為王，敗則為寇。被推上統治地位而又感到自己的地位岌岌可危的人，通常會具有這種心理。他們的行為往往表現為喜歡炫耀權力，總是想征服他人，並且要求盡可能多的特權，好下賭注，在賭注中為自己賺得未來。如果這種原始的對權力的狂熱，出現在政治領導者的身上，那麼，其後果將是不堪設想的。

權力的另一方面是社會化的動機。那些透過競選獲勝取得公職的人，往往會具有這種特徵。他們行使權力的目的，是為了為眾人謀取福利。而且，這種人經常處於矛盾心理之中，一方面知道自己應該努力工作，不辜負眾人的委託，另一方面又懷疑自己的能力，意識到每次取勝都意味著某些人的失敗。他們既適宜於正式組織的領導工作，也適宜於非正式場合的成員角色。

權力的兩面性，或者說是兩種不同形式的權力動機，其實質性特徵和表現形式究竟如何？二者有什麼區別？對於這些問題，麥克里藍從一些看似與此不相關的理論中得到了啟示。按照傳統的社會心理學和政治學的觀點，領袖人物應當具有超凡的魅力，他身上有一種神奇的力量，讓追隨者感到必須得服從於他，忠實於他，並且要按他的話去做，為了他可以獻出自己的一切。在這些被領導者心中，他們的領袖是具有超自然力量的超人，他的權威和權力壓倒一切，並且無所不在。持這種傳統看法的人，認為希特勒等都屬於上述領袖人物的範疇。

那麼，他們的這種看法到底對不對呢？

為了弄清這個問題，也就是弄清具有超凡魅力的領袖人物，在追隨者心目的印象到底如何，他們對追隨者到底會產生什麼樣的影響，溫特在甘迺迪總統遇刺身亡後，向一組管理學院的研究生重放了甘迺迪就職演說的電影片。

毫無疑問，甘迺迪當時在學生心目中是一個典型的領袖人物，很有人格魅力，且在世界上的影響力很大，這部影片也拍得非常動人。但是，調查結果卻與人們的想像相反，這些追隨甘迺迪的學生，在深受感動之後並沒有變得更加願意服從、遵循、忠實於領袖人物的思想，反而變得更加相信自己的力量，對自己充滿了信心。

這說明，過去的關於領導者對被領導者影響的看法並不正確。**領導者不能依靠個人的魅力強迫自己的追隨者服從，他們必須幫助被領導者增強自信心和能力，激發他們的熱情，認清自己的目標和使命。最早提出領袖個人魅力概念的韋伯，也認識到領袖要靠「激發」追隨者來實現領導。**為此，領袖必須深切瞭解群眾的需要，知道他們的希望，形成共同的意志和目標，把大家團結起來。因此，領導的過程不是強迫，甚至也不是說服，而是自我認識的過程，也是不斷提高的過程。從這裏，我們也可以知道，為什麼有些出色的領導者會越來越出色，越來越優秀。

很清楚，過去對領導者的印象和描述，反映了個人化權力動機和個人統治的特點；溫特等人的研究成果，則反映了社會化權力動機和為眾人謀利益的領導者的特點。個人統治對於小型團體來說也許還是有效的，但是在大型組織裏，必須用更社會化的方法對群體施加影響。但是，在社會化權力和社會化領導方式中，似乎包含著一個自相矛盾的命題：真正有效的領導者必須把每一個被領導者轉變為自覺的領導者，即讓他們自己領導自己。

綜上所述，權力的消極面或者說個人化的權力，其主要特徵是強調「統治與服從」的關係：如果我贏，那麼你必定會輸。

這是一種原始的、幼稚的權力形態，其實際方式往往是征服、侵犯他人，把被領導者看成是實現自己目標的工具而不是動力。而那些被自己認為是工具的人，只能被動地遵守命令，沒有自己的想法與感受，統治這些人只能給領導者帶來低級的滿足感，不會對自己有太大的幫助。這方面最極端的例子是奴隸制度，而奴隸勞動顯然是人類歷史上最沒有效率、最不科學的勞動形式。

權力的積極面表現為社會化的權力。其主要特徵是，領導者幫助群體確定共同的目標，並且這一目標是以群體的共同利益為基礎，領導者還要主動提出達到目標的途徑，讓群體成員感到自己是強者，自己有實現目標的能力。

社會化權力的行使者在施加影響的時候，目的是為他人或眾人謀利，而不是為了滿足自己的私欲。他們把被領導者當作自己行動的動力，而不是實現目標的工具。在現實生活中，有些領導者的「統治」非常有效，讓有些人不得不懷疑他們採取了高壓辦法，所以這些人往往傾向於把權力的積極面解釋為權力的消極面。其實，赤裸裸的統治反而很難達到理想的領導效果，正如上邊談論過的個人化的權力。

在實際生活中，個人統治和社會化領導之間並沒有明顯的鴻溝，二者的區別有時會顯得相當的微妙。在不同的場合，有些領導者會交替表現出兩種權力觀念。任何領導者都需要採取主動行動，發揮主導作用引導企業的發展，否則就不成其為領導者；但是如果主動行動和主導作用過強，又容易滑向獨裁者的極端。

這種危險的傾向性，在那些有能力為群體確定共同目標和激發群體成員熱情的領導者身上，表現會更加明顯。因為在這樣的情況下，領導者和被領導者雙方都有可能逐漸形成一種看法：只有領導者是正確的，於是領導者的作風就容易在不知不覺中由民主型轉向獨裁型。

防止出現上述轉變的辦法有兩種：一是領導者要提高警惕，要始終尊重群眾，瞭解群眾的願望和要求，不能把群眾當成被統治的工具；二是要建立一套民主制度，對領導者進行監督，一旦他們不再代表選民利益，便及時對其進行撤換。

對領導者進行種種的限制，會造成領導者不能自由自在地行使領導職能的情況。首先，為了避免被指責為權力狂，領導者必須小心謹慎，不敢充分發揮主導作用。即使決定一件好事，並且這一決定深得大多數人讚賞，也難免會受到少數人的惡意中傷。其次，領導者都必須明白自己沒有全權，無論在政府、大學或企業裏，領導者要想辦好一件事，都必須與各個方面的人打交道，並且要處理好各個方面的關係。最後，由於在社會中普遍實行輪換制以防個人長期掌權導致專制，領導者的任期有限，因此，他們必須操心自己在短短任期之前和之後的工作和生活，這也分散了領導者的精力。

在美國的優秀青年人中，很少有立志成為領導者的人。造成這種情況的原因有兩方面，第一，這是因為，權力的確有消極、陰暗的一面；第二，美國社會過於警惕濫用權力的做法，也加劇了這種傾向。

麥克里藍認為，有必要糾正這種過於偏執的傾向，否則，社會的進步就會因缺乏有力的領導而受到阻礙。為了解決上述問題，他建議從以下三個方面採取措施。

其一，改變美國的現行體制

美國的分權制度十分嚴重，領導人太容易遭受來自社會各個方面的攻擊和批評，使得領導工作變得極度困難，領導職位也顯得毫無吸引力，結果，這些職位往往被那些玩世不恭的人佔據。就連英國這樣的國家，也沒有利用自己的一切力量消除這種消極傾向的魄力。領導權必須要相對集中，領導者有權不受那些不負責任的批評和攻擊的干擾，只有做到這一點，我們的社會才能湧現出大批優秀的領導人物。

其二，強化權力的積極面

麥克里藍強調指出，許多研究人員和實際領導者都錯誤地理解了實行有效的、社會化的領導的方式，而是經常把它混同於個人統治。一般人更是普遍認為領導者的基本職責在於「決策」，即獨斷專行地憑藉個人權力和威勢「拍板」，這完全是一種誤解。社會化的領導者應當是教育者，其職責是幫助被領導者確立共同目標，並且要經常與集體的成員（群眾）進行廣泛的交流和溝通，尋找實現目標的最適宜、最有效的途徑，並激發下屬的自信心，使大家感到自己是強者，自己有能力領導大家實現目標。用這種方式行使權力和施加影響的領導者，不會對任何人構成威脅，非但不會產生消極的作用，而且大大有益於社會，能夠強有力地推動社會的發展。

其三，推廣成人心理教育

美國心理學界的主流思想歷來主張，人的基本性格特徵形成於早期生活或者說形成於孩童時期，以後很難改變。這是因為，成年人心理慣性極重，很少能夠因外因的影響而改變。無論佛洛伊德主義者還是經驗主義者，都持此觀點。但麥克里藍堅持認為，事實已經證明成年人可以在短期內轉變思想，辦法是經過特殊的心理教育和培訓。這種教育不僅能夠激發起對成就的需要，同樣也能夠激發起從事積極的、社會化的工作的熱情。

總之，領導者並非生來就具有作為領導的才能，要具有這種才能，需要靠後天的培養和社會環境的影響。明白這一點非常重要，這是因為，明天的世界是否能夠繼續保持和平與繁榮，有賴於當今社會能否培養出有效的領導者。

#《管理決策的新科學》

赫伯特・西蒙：管理決策理論奠基人

決策並不是在幾個備選方案中選擇最佳方案，而是管理中時時存在的一種活動，它本身是一個過程，這個過程是循序漸進的。

——西蒙

赫伯特・西蒙（Herbert A. Simon），美國著名的管理學家和社會科學家，西方決策理論學派的創始人之一，在管理學、經濟學、組織行為學、心理學、政治學、社會學、電腦科學等方面都有深厚的造詣，堪稱社會學科的通才。

西蒙於一九一六年出生於美國的威斯康辛州密爾沃基市，畢業於芝加哥大學，並於一九四三年獲得博士學位。西蒙曾先後任教於芝加哥大學、伯克里大學、伊利諾工藝學院，並先後擔任美國卡耐基—梅隆大學電腦與心理學教授，美國科學院研究委員會主席。

西蒙於二十世紀五〇年代，開始對經營管理科學產生興趣，這一興趣對西蒙對於公司行為理論的研究產生了重要的作用。後來他又研究大型組織的資訊管理問題，為大公司決策人員提供了一套決策的輔助系統。由於「對經濟組織內的決策程序所進行的開創性研究」而獲得一九七八年諾貝爾經濟學獎，他是管理方面惟一獲得諾貝爾經濟學獎的人。

西蒙在管理學上的最大貢獻在於提出「有限度理性」和完善社會系統理論。「有限度理性」的核心是認為最優行為是不可能的，因此決策者只能在眾多選擇中選擇一種。社會系統理論，將電腦引入了管理決策過程。

西蒙的主要著作有：《管理決策新科學》、《管理行為》、《公共管理》、《人的模型》、《人類問題求解》、《經濟學和行為科學中的決策理論》、《自動化的形成》、《人工的科學》等。

西蒙作為決策理論學派的創始人之一，對西方決策理論的發展作出了重要的貢獻。決策理論學派主要有四方面的內容，它們是：決策過程，決策分類，決策技術和決策準則等。該學派主要觀點有：

第一，決策是管理的核心

管理的過程實際上就是決策的過程，管理的各層次，無論是高層，還是中層或下層都要進行決策，透過決策來實現管理活動。

第二，決策方法上，用有限度理性代替最優化準則

在傳統理論中，將「經濟人」假設為有全知理性的人，這與現實是矛盾的。並且，更不可能存在前後完全一致的偏好系統，人們不可能在幾個不同的方案中，透過自由選擇總是能夠獲得最大的利潤。

第三，集體與組織對決策有重要影響

經理不僅要本人能夠做出決策，還要使他負責的組織甚至是組織中的某個部門能有效地做出決策，只有這樣，才能保證企業的穩定發展。

第四，人工智慧可以使決策向自動化方向發展

在非程序化決策過程中，可以採用電腦技術，進而使得決策自動化。

《管理決策新科學》一書，是根據西蒙在紐約大學財經學院所作的一連串演講稿整理而成，是決策理論學派的經典之作。

西蒙在本書中不但闡述管理決策過程，電腦對管理決策過程所產生的作用，而且還說明他在這些問題上是怎樣得出結論的。本書的目的在於，對電腦在管理決策中的影響進行闡述，強調電腦的突出作用，指出電腦的發展可以促進決策自動化，而且也可以對社會進步帶來巨大的影響。

自工業革命以來，科學技術得到了長足的發展，進而帶來了人類今天的文明。工業革命之所以會取得成功，是因為它呈現出一種階梯式的成長過程。換句話說，就是後人的成就是在前人的發明上不斷地突破並累積，使人類的科技進步猶如砌磚一樣，一層一層向上增加，逐步達到了二十世紀的高水準。社會科學家也在不斷追尋和嘗試，希望也能像科技的進步一樣，創造出社會科學的「工業革命」，以更好地對人類行為加以解釋。

西蒙在長期的觀察和分析後，看到了電腦的對人類社會產生的巨大影響，於是，試著將它引入到管理決策過程中去。事實證明，西蒙最終取得了成功，管理決策新科學理論的創立，就是最好的說服力。在本書中，集中反映了他的這一思想。

管理決策的過程

西蒙認為，決策並不是在幾個備選方案中選擇最佳方案，而是管理中無時無刻不存在的一種活動，是一個循序漸進的過程。因此，決策應當遵循一定的程序，這些程序包括決策每項工作所應進行的順序和步驟，還包括在每個步驟上所應解決問題的範圍和要求。在本書中，西蒙將決策的過程分為以下四個階段：

情報活動階段

此階段的任務是提出問題，探查環境，尋找進行決策的條件。這主要是搜集企業所處環境中有關的經濟、技術、社會等方面的資訊並加以分析，同時也要搜集和分析企業內部的資訊，尋求決策的條件，為計劃的制定提供依據。

任何決策都必須首先提出和確定決策問題，進而使決策成為必要和可能。**決策問題分為兩類：第一類是現實性問題，它主要是指現實已經存在的事物或工作，其現狀與應達到的水準尚有差距，因而需要採取措施對其加以改善；第二類是開創性問題，它是在現實中尚不存在的事物或工作，但是，可**

以根據動向和需要對其進行創造和開拓。

上述兩類問題，雖然都要對現狀與可能、自己與別人的差距進行全面、準確的分析，真正找出差距的症狀和原因，但開創性的問題對於創造性思維的要求要高一些。

設計活動階段

本階段的任務主要是擬定計劃，也就是說對實際情況進行分析，進而設計制定出可能採取的行動方案。**所謂計劃，就是對第一階段搜集的資訊進行分析，為企業所要解決的問題擬定出各種可行的備選方案。**

擬定備選方案是任何決策都必須要經歷的階段，也是決策過程中時間最長、工作量最大的階段。擬定方案的過程，不僅包括確定決策目標，還包括為達到這一目標所應採取的措施。這是因為，不同的方案，不僅在措施上表現不同，在目標上必然也存在差別。為此，在擬定備選方案中，要把所有的目標都作為是已知的，僅在措施上考慮這些方案是不是與決策的實際要求相符合。

對於備選方案，一定要擬定多種，至少也得有兩個以上。而且，在可能的條件下，所列方案要儘量做到詳細、清楚，讓翻閱此方案的人都能夠明白它的內容，以防將好的方案漏掉。同時，每個方案的內容都要盡可能全面，既要有定性分析，又要有定量分析；既要指出本方案的有利之處，又要指出本方案的不利之處；既要講必要性，又要講可能性。而且，各個方案都要有一定的排他性。要把各個方案的不同點講清楚，並且，要使得這些方案在基本觀點、基本內容方面既不能互相重複，也不能互相包容，而是要相互排斥，這樣，才便於比較和選擇。

選擇活動階段

選擇活動階段的任務主要是從以上階段所列出的所有的方案中，選出一條相對來說最好的方案，也可以稱之為抉擇活動。對方案的比較和選定，是決策的一個關鍵內容，它主要是選定計劃，即根據當時的情況以及對未來發展的預測，從所有的備選方案中選擇一個最具有可行性的方案。

對各種方案進行比較，也就是比較各種方案的利弊，然後，根據「令人滿意」的準則加以選定。在有些情況下，還可以對各種方案進行綜合分析，以選定的方案為基礎，適當吸收其他方案的長處，以使選定方案更加完善。

對各種方案進行比較選擇的過程，實際上是一種可行性研究的過程。在這一過程中，不但要運用經驗判斷法、數學分析法，而且，有的還需要進行一定的模擬試驗。在有些資料不完全或者是不太精確時，在對方案進行分析和選擇時，還要在其中加入一定的敏感性分析。這樣做，一方面可以彌補資料不足的缺陷，另一方面，也可找出影響方案發生變化的敏感因素。**決策者在對方案進行比較選擇時，不僅要包含自己的價值標準，同時也要廣泛徵求專家和群眾的意見。**這樣做，不僅對方案的選定有利，還會對以後方案的執行產生有利的影響。

審查活動階段

審查活動階段的任務主要是對已經選定的方案進行評價，也可以說是對已經選好的計劃進行評價，又稱之為審查活動。

審查活動是決策過程中的必要程序。在這一過程中，不僅要對已選定方案的品質和可行性做進一步地審查和評價，並且在必要時，還要對其進行修改和補充。另外，還得進行防範性分析，以保證此方案在執行過程中不會偏離原來的目標。

上述四個階段，在時間上所占的比重是不同的，甚至同一階段上的時間分配，由於各個企業的實際情況不同，也會存在差別。有時候，這種差別會特別明顯，但我們可以透過有系統的分析，大致計算出各個階段所需要的時間。

在四個階段中，需要時間最多的階段是搜集和整理資訊的階段，因為這一階段的工作千頭萬緒，做起來非常麻煩，進程也就緩慢。在創造、設計和制定方案階段，花費的時間也很多，但在選擇方案時，或在對那些已經選定的方案進行審查的階段，花費的時間相對就要少一些。

管理決策的新科學

在這裏，作者把組織制定程序化和非程序化決策時所使用的方法，與二次大戰後開始出現的新技術作了對比。這種新技術的出現和普及，隨著現代電子計算技術的發展，以及被引進商業組織，而被大大地加速了。

制定常規性程序化決策的傳統方式，由於新的數學技術的研製與廣泛的應用，已經發生了巨大的變革。這種新的數學技術，也就是我們現在常用的「運籌學」與「管理科學」。任何商業或政府組織，不管其規模的大小，大多都受到這些二十世紀五〇年代初期開始應用的新技術的影響，進而重新調整自己的經營方式。雖然在邏輯上看來，這與電腦無關，但在實際工作中卻需要大量的運算，電腦的應用有效地解決了這個問題，而且從管理方面來講，電腦的應用能使管理者的工作變得更加有效。

在企業裏制定非程序化決策，傳統方式包括大量的人工判斷、洞察和直覺觀察，至今為止，還沒有經歷過任何較大的變革。現在，我們可以看到，在一些基礎研究方面，如在探索式解決問題方面以及過去二十年來已經在進行的人類的思維過程的模擬方面，這種革命已正在形成。當我們對一個人進行判斷或直接觀察時，比如想知道他到底在想些什麼，現在已經可以透過科技的方法瞭解的很多，並且已經達到將這許多過程在電腦上進行模擬的程度。

隨著人們對非程序化決策制定問題的日益理解，管理方面將出現兩種十分不同的變化。一方面，這種理論將為非程序化問題領域內決策制定過程的某些方面的自動化，開拓出新的前景，這就像運籌學使程序化決策制定的許多方面實行自動化一樣。另外一方面，透過深刻地洞察人類思維的過程，為這種理解提供新的機會，特別是透過教育和訓練來改進一般人，尤其是經理們在困難的結構不良的複雜環境中制定決策的能力。

決策新技術以及與之相關的電腦和自動化，對於現代組織中的工作性質產生了重大的影響，西蒙對這個方面進行了研究。對於那些在高度自動化的組織裏工作的人，人們對此一直很擔心，並且還對此進行過很多不好的預言。管理學家們透過對這類試驗的研究，以及對那些認為自動化將嚴重改變工作的性質的觀點的分析，進而得出了一個完全錯誤的結論，這一結論對人們產生了誤導。

西蒙認為，近年來普遍存在著這樣的一種觀點，那就是認為工作滿意度已經下降或人員疏遠問題已經上升，這種看法是毫無事實根據的。因而，造成這種趨勢的原因，不管是在過去還是在未來，都不能把它歸因於自動化。對政府或其他社會機構信任上的低落的傾向，是由其他許多原因引起的，與自動化無關。

另外，對於那些由電腦引起的、使事務性工作發生實質性變化的現象的研究顯示，這些變化在量上是平等的，但在方向上是不定的。**工廠和辦公室的自動化，其最確切最直接的後果是，它把勞力**

構成從工作滿意平均值最低的行業移向了較高的行業。日益獨裁的組織以及窒息人創造才能的管理理論，它們都希望在組織內建立長期性的專制統治，而現在，這種趨勢已經銷聲匿跡了。這不僅是因為這個理論的不科學性，還因為，這個論點所依據的心理前提也是值得懷疑的。那種認為人在一種能為他們提供中間性結構的條件下，比如，那些由權威關係中所派生出的結構的環境中，將工作得最好、最富有創造性，並且會覺得工作最舒適的理論，似乎是有一定的道理的。可是，我們很難說出什麼樣的方法才算中庸之道，而事實中也沒有證據顯示我們正在遠離中庸之道。

作者認為，既然面臨不斷變革是時代發展的一種必然趨勢，那麼，我們就有理由相信，我們現在所經歷的變革，不想我們想像的那麼沉重，相反的，我們應該覺得慶幸，因為它比我們祖輩、父輩所經受過的還要輕些。只透過那些無聊的爭論，而沒有事實作依據，也說明不了我們正生活在一個最為美好的世界之中的。因此，我們所能得出的結論只是，工廠和辦公室的自動化可能給人類帶來的後果，在分量上是比較適中的，並且是逐漸地出現的。它將給我們帶來不利條件，也將帶來有利條件，但是，我們有理由相信利是大於弊的。

當組織表現出愈來愈多的複雜的人，即機器系統的各種特徵時，在管理工作中所發生的種種變化，可能對組織中的各種資訊系統產生有利的影響。**對於我們期待的管理方面的變化方向，可以用兩個詞去準確地概括，這兩個詞，就是西蒙所提出的「合理化」和「專業化」。**新資訊技術的應用，已經在這些方面使中層管理決策過程產生了巨大的變化，並且促進了收集與篩選外來資訊和模擬戰略規劃的更為尖端的資訊系統的發展。這些變化，已越來越引起上層管理的重視，他們日益感受到這些影響的存在。

在對新情報技術的所有資料進行收集與整理，並且觀察了這些技術在企業組織中的應用情況之後，我們可以看到，現今某些人對機器人可能會引起麻煩的憂慮，是沒有事實根據的。這是因為，在當今世界裏能思考的機器的出現，以及能說明人類思維過程的理論的存在，似乎對人類的機體和技能沒有一絲一毫的損害。所以說，那些人的憂慮完全是多餘的，是杞人憂天的。**人在對其自身與其他事物的價值與尊嚴進行對比時，以及在評價自己在神的心目中及大自然中的地位時，總是顯得很脆弱的，意識到自己的渺小。因此，人類應該學會把自己放在合適的位置上。**即使電子系統能模仿人類的某些機能，或者人類思維過程中的某些奧秘已被解除時，以上的事實也不可能被改變。

然而，我們必須明白，新組織有很多方面會與我們現今所使用並熟悉的組織是十分相近的。這主要表現在以下兩個方面：第一是，將來的組織仍然是由三個階層所構成的。第一層是個基本層，它是物質生產與分配過程的系統，第二層是支配該系統的日常作業的程序化決策過程，第三層是控制第一層的全部過程，並對之進行重新設計和改變其價值參數的非程序化決策過程；第二是，將來組織的形式仍然會採用階層等級的形式。組織將被分成幾個主要的次級部門，各次級部門又將會被分成更小的單位，依次類推。這和今天的部門的劃分方法很相似，不同的是，劃分部門界線的基礎可能多少會發生一些變化。比如，產品部門在組織中的地位將會有所提高，但採購、製造、工程和銷售之間的明確界線將會漸漸消失。

決策的自動化與合理化，將使組織對以上人們所關心的事情的發展變化，產生非常重要的影響。在前面，作者已為我們指出了一些變化的可能性。總的來說，這些變化將使管理者的日常工作變得更容易，他們也會因此覺得生活充滿意義，對自己的工作和生活感到滿意。

在上邊，我們已經討論過，將來的組織會和今天的組織極為相似。**人類是一種能夠運用自己的技能解決問題的動物，從這個意義上來說，如果他解決了吃飯問題之後，下面的兩個主要需求對他來說就是最重要的了。第一個需求，也是人的最大的需求之一，就是運用自己的技能來從事挑戰性的工作，而不管這種技能是什麼以及其高低，去享受一下如打出一個好球或妥善解決一個問題之後所得到的快樂。另一個需求，就是希望自己能夠與一些人保持有意義的與友好的關係，也就是能夠與周圍的人建立起愛與被人愛、分享經驗、尊敬和被尊敬的關係，然後，大家為共同的工作目標而奮鬥等。**

之所以物質環境和工作環境的具體特性會如此的重要，是因為這些特點將影響人類上述的需求。要滿足自己的這種需求，每個人所需要的環境是不同的，比如，科學家可以在這一環境中實現自己的需求，而藝術家則在另一種環境中使自己的需求得到滿足，但不管怎麼說，這兩種需求在本質上還是相同的。一本關於企業的好小說，或一本好的企業傳記，並不僅僅描寫企業本身的事，而會更多地描寫愛情、怨恨、驕傲、野心與快樂等。這些事情現在是、將來仍然是人類所最關心的東西。

任何技術與生產力的水準，都會與同時代的就業水準相適應，包括充分就業在內。我們今天所面臨的問題，不會使人類的文明向後倒退，這是因為，這種倒退與滿足世界人口的需求是不一致的，但我們還是應該提高警惕，因為它會使我們持續的技術進步的本質發生根本的質量轉變。為了促進社會生產力的進一步增長，我們應把注意力更多地放在資訊處理技術上，而不是能源技術。由於資源的限制，以及對日益增長的實際收入的要求、形態的轉變，勞動力中將會有越來越多的人從事於服務業，而從事物資生產的部門的人員將會越來越少。但我們也不得不相信，在社會實現充分就業時，我們不會感到物質或服務的過剩。

資訊處理技術無論是在對這些問題的認識過程中，還是在提供新穎而有效的辦法對這些問題進行處理的過程中，都產生了十分重要的作用。**管理決策的科學和它所依賴的資訊處理技術，將決定著一個集體或個人能否履行自己所承擔的責任。技術是一門知識，那麼，資訊處理技術就是如何更有效地獲得和使用知識的知識。**那些現代化的設備，例如那些能檢測空氣中、水中和食物中微量污染物的設備，將我們的行為對自然界造成的後果告訴了我們。而以前，我們是無法瞭解這一切的。應用於能源和環境系統模型的電腦，向我們描繪出了社會的某一部分所採取的行動，以及這一行動對其他部分所產生的影響。過去，我們很少關心我們的行為對我們視野之外的物體產生的影響，而現在，隨著資訊處理技術的發展，迫使我們不得不正視這一現象。它使得我們擔負起保護自己和我們的後代的責任，這可以說是我們自願的，也可以說是強加在我們身上的。**隨著新技術、新知識的發展，人類的某些道德也在不知不覺中改變著。**

《管理決策新論》

維克托・弗魯姆：期望理論的奠基人

每一個管理者在進行決策時，都會受到多方面大量因素的影響，管理者能否正確選擇決策方式，關鍵之一在於能否對環境做出正確的評估。

——弗魯姆

維克托・弗魯姆（Victor H. Vroom），美國著名心理學家和行為科學家，期望理論的奠基人，一九一九年出生於加拿大。弗魯姆曾先後獲得麥吉爾大學學士學位和碩士學位，美國密西根大學博士學位。畢業後，他曾在賓州大學和卡耐基—梅隆大學執教，並長期擔任耶魯大學管理科學「約翰・塞爾」講座教授兼心理學教授。

弗魯姆對於管理理論的貢獻主要表現在兩個方面：一是深入研究組織中個人的激勵和動機，率先提出了形態比較完備的期望理論模式，成為這一領域的開拓者之一；二是從分析領導者與下屬分享決策權（即參與式管理）的角度出發，將領導（決策）方式或領導風格分為不同的類型，進而推進了「環境作用」領導理論或「權變」領導理論學派的發展。

弗魯姆主要著作有：《管理決策新論》、《工作與激勵》、《領導與決策》等。

期望理論

為了更好地理解《管理決策新論》中所闡述的領導理論模型，我們有必要先瞭解一下弗魯姆的期望理論模型。

作為從行為科學角度研究組織中個人動機的成果，首先出現的是各種需求理論。**期望理論是在需求理論的基礎上形成的，它不僅考慮了人的需求，而且還提出了滿足需求的途徑及其對組織環境的影響。**把個人需求與外界條件、機會聯結起來，把個人因素與環境因素聯結起來，無疑有助於更深刻、更全面地理解組織中個人的行為與動機。

什麼是期望理論

所謂的期望理論，是一種認知型過程理論。這一理論主張的是，預期的報償或結果能夠刺激行為，進而讓人們做出不同的反應。但這裏所謂的刺激，並不是要對特定行為反覆給以直接報酬，來誘導條件反射式的反應，間接經驗、推斷和聯想同樣可以在刺激與行為之間建立聯繫，把期望與結果聯繫起來。這種象徵性的認知過程模型，是描述人類行為的有力工具。

要深入瞭解期望理論，首先需要搞懂以下三個基本問題：

一、效益

所謂效益，是指一個人對某項工作及其結果（可實現的目標）給自己帶來的滿足程度的評價，即對工作目標有用性（價值）的評價。

二、兩種結果

弗魯姆將組織能夠給與個人的結果或報酬明確地劃分為兩類，一類是最終結果，比如食物、房子、物質財富、社會身份、擺脫困境等，這些結果可以滿足人們的生理和社會方面的基本需求；另一類是中間性、手段性和工具性結果，如獎金、提升、表揚、就業保障、權力或感到能夠勝任工作等等。這些中間結果作為第一層次，本身並沒有價值，只扮演工具性角色，其效用在於能否導致最終結果的出現，進而使基本需要得到滿足。

這裏所謂的工具性，是指人對行動的直接結果（一級結果）和間接結果（二級結果）之間有何關聯的認識。例如，一級結果可以是工作成績好，二級結果可以是得到晉升。一級結果對二級結果的工具性，指的是一個人認為取得好成績能在多大程度上導致晉升。

三、期望

所謂期望，是指人感到自己在多大程度上能夠達到一級結果。所謂期望值，是指人們對自己能夠順利完成這項工作的可能性估價，即對工作目標能夠實現的機率估計。

期望理論指出，當行為者對某項活動及其結果的效用評價很高，而且估計自己獲得這種效用的可能性很大時，那麼領導者用這種活動和結果來對其進行激勵，就可以取得良好的效果。

調動員工積極性的規律

根據期望理論，人的行為受一種預期心理所支配。人們在現實生活中一旦看到可以令自己的需要得到滿足的目標時，受需要的驅使會在心中產生一種處於萌芽狀態的期望。但是，這種期望能否形成一種期望心理，並化為驅使行為的動力，還要考察如下兩個方面的因素：

一、實現目標的期望值

人們會根據自己的能力和以往的經驗，對達到目標的可能性進行分析研究，權衡主客觀條件，然後確定有沒有達到該項目標的可能，也就是說，確定期望成功的機率。

二、目標的效益

人們還要考慮目標實現之後，能給自己帶來多大的實際利益，即期望實現後，自己的需要能在多大的程度上得到滿足。弗魯姆認為，調動人們積極性的所有方式，其作用的大小都取決於目標效益與實現目標的期望值二者的乘積，這就是弗魯姆經過研究得出的一條調動員工積極性的規律，用公式表示為：

激勵力＝目標效益×實現目標的期望值

因此，一項結果或報償對員工個人能否產生較大的激勵作用，既要看它是否具有吸引力，又要看它透過努力是否可以實現。

考慮到處於兩個層次的兩類結果或報償，上面的公式可細化為下列兩個式子：

激勵力＝直接結果的效益×透過行為導致直接結果的期望值

直接結果的效益＝最終結果的效益×該直接結果導致最終結果的期望值

也因此，這種期望理論又被稱為「機率－價值理論」或「可能性－重要性理論」。

從公式中可以看出，激勵力促使行動，行動取得成果。透過成果，員工感到滿意或不滿意，又回饋到激勵力的形成，進而影響下一次的激勵力和行動。這些因素形成了一個相互作用、不斷循環的統一體。

期望理論的缺陷

在實際運用中，期望理論還存在著一些缺陷，主要表現在以下幾個方面：第一，在重視人的認知方面的同時，有輕視情感作用的傾向；第二，沒有充分考慮人們在資訊處理和知識表達方面的差異；第三，沒有充分注意到動機的多重性和動態性；第四，假定人們能夠對不同的獎酬進行嚴密的優劣排序，這是不現實的。

儘管期望理論還存在著諸多不足，但它對管理學的發展仍產生了不可磨滅的功勳，並且在現實中被普遍採用。因此，期望理論目前仍是最重要的激勵理論之一。

領導理論

在本書中，弗魯姆所闡述的領導理論，主要是從領導行為的一個側面——領導者與下屬分享決策權的程度，也就是實行參與式管理的程度提出問題，研究在特定主客觀條件下，如何選擇恰當的領導或決策方式。

規範模型

規範模型是弗魯姆和耶頓從二十世紀六〇年代起著手研究，並於一九七三年提出的一種較新的領導權變理論。該理論與其他領導理論相比較，與實際結合的更緊，實用性更強。

為了開發出一套能使管理者領導行為與周圍環境相適應的選擇程序，弗魯姆與耶頓進行了規範模型理論的研究。他們從規範問題入手，試圖找出在不同環境中，哪種領導風格或決策方式，也就是何種程度的參與式管理效果更為顯著。

在建立模型的過程中，兩位學者充分考慮和分析了各種不同程度員工參與決策的結果，並以這些實際資料作為模型的基礎。所以，該模型在任何決策環境中均能滿足決策者的要求，實用效果令人非常滿意。

弗魯姆的規範理論認為，領導可以透過改變下屬參與決策的程度，來改變自己的領導風格。其基本特點是，將領導方式即決策方式與員工參與決策的程度結合起來。根據員工參與決策程度的不同，把領導風格（即決策方式或領導方式）劃分為三類五種：有兩種獨裁專一型，兩種協商型，一種群體決策型。而有效的領導者應根據不同的環境和具體的情況，來選擇最為合適的領導風格，選擇的範圍可以從專制獨裁到高度參與的一連串領導方式。

要想確定一種最為合適的領導風格，決策者需要以正確的經驗為基礎。經驗根據越完整，正確選擇領導風格或決策方式的把握性就越大，選擇的有效性也就越高。

為了進一步理解規範模型的基本概念，有效地衡量決策的效果，**弗魯姆將決策最終的有效性，用三條標準來表示：決策本身的品質；下級對決策的接受程度；決策需要的時間。**

一般說來，採取高參與程度的群體決策方式，比起其他決策方式，需要花費更多的人力和時間，但同時，這種方式也能獲得更高的決策可接受性，而且決策也能夠得到有效的實施。簡單地認為群體型決策總是比獨裁專制型決策更有效的論斷，未免過於武斷；反過來，獨裁專制型決策的相對效果，分別取決於決策者對決策品質、決策的可接受性以及決策時對這些因素的重視程度，同時也取決於採用不同的決策方法所獲得最終結果的差別程度。因為決策方法本身是不會隨環境變化的。所以，不存在對任何環境都適用的領導（決策）方式。

不同的管理者在進行決策時，都應當將精力集中在對環境特徵、性質的認識上，以便能夠更好地針對環境要求，選擇領導方式和制定決策。因為對於不同的環境，不同的領導方式和決策方法所獲得的結果各不相同。對任何一種環境，絕不存在只有一種決策方法適用、而另一種決策方法完全無效的現象。

為了進一步分清構成規範模型的基本環境因素和問題的特徵，使領導者能夠正確地根據自己的條件認識環境特性，有效地使用規範模型選擇決策方式，弗魯姆將對決策環境的描述用七個問題加以概括。這七個問題可分為兩類，其中一類問題與決策品質有關，另一類問題與決策者掌握的決策所需要的資訊有關。決策者透過對這七個問題逐一做出「是」或「否」的回答，用「決策樹」的方法，按照選擇法則的邏輯程序，篩選出一個或若干個可行的決策方式。這實際上就是根據環境性質，選擇適宜的領導風格或決策方法。

在以上的規範模型中，決策的品質和下屬接受決策的程度是衡量決策有效性的依據，而正確的領導方式是保證有效決策的必要條件。為使管理者能夠準確迅速地選定領導方式，保證決策的有效性，弗魯姆提出了七項必須遵循的基本法則。前三項用來保證決策品質，後四項用來保證決策的可接受性。

訊息法則。如果決策的品質很重要，而決策者又沒有足夠的資訊或單獨解決問題的專門知識，那就不應採用第一種專制型決策方式。否則就很難保證所做決策的品質。

目標合適法則。如果決策的品質很重要，而下屬又不大重視企業的共同目標，這時應排除採用第五種高度參與型決策方式的可能。

結構性工作問題法則。如果決策的品質是重要的，但決策者卻缺乏足夠的資訊和專門的知識獨立地解決問題，而且工作問題又是非結構性的，那麼就應該將上述三種決策方式排除掉。解決問題的方法，需要經過與下屬討論方能得出，所以，應更多地採用參與型決策的方式。

接受性法則。如果有效執行決策的關鍵是下屬對決策的接受，並且由領導者單獨做出的決策不一定能得到下屬接受時，不宜採用專制型的決策方式。

衝突法則。如果決策的可接受性是很重要的，而領導者個人做出的決策又不一定會被下屬接受，下屬對於何種方案更適合很可能抱有互相不一致的看法。這時不要採用上述三種方式進行決策。因為它們不包含相互交往的內容，或者只包含「一對一」式的交往，無法提供消除衝突的機會。

公平合理法則。如果決策的品質並不重要，而決策的可接受性卻是關鍵因素，專制型決策又容易使下屬產生反叛心理，在這種情況下，最好採用高參與型決策的方式。

可接受性優先法則。如果決策的可接受性是關鍵因素，專制型決策保證不了可接受性，而如果下屬是值得信賴的，這時應採用高參與式的決策方式。

對某一特定的工作問題，如果應用了上述七項法則進行選擇，決策者可以得到一組可行的決策方式。當可供選擇的決策方式不止一種時，優先選擇的標準是：在決策過程中所耗用的人力和時間應為最少。

短期與長期模型

由於規範模型要解決的中心問題，是決策者面臨的當前環境上，只考慮當前環境對決策及其實施的影響，而絲毫不涉及任何與長期有關的問題，所以弗魯姆稱其為短期模型。

領導者在進行決策時，若考慮到決策的時間效果，其行為方式很可能與不考慮這種因素時有所不同。因此，弗魯姆認為，適合短期的領導方法很可能與適合長期的領導方法不同。例如，某公司領導一貫實行專制獨裁式的領導方式，雖然他的下屬都忠實地服從並執行決策，但是，從長遠來看，這些唯唯諾諾的人難以實現組織的目標，因為領導者所下達的只是命令，從來沒有費工夫向自己的下屬解釋過組織的目標到底是什麼，組織成員自然無從分享共同和一致的組織目標。與此相反，大多數採用參與決策方式的領導者，能夠根據員工的要求，及時地改變處理問題的方式，進而建立起一個更有效地解決問題的方式。

弗魯姆認為，為了建立長期模型，一種有發展前途的方法是：當從可行的多種決策方法中挑選出最佳決策方式時，不要過多重視人力與時間的消耗。因為過多地考慮決策過程中人力與時間的消耗，會使領導者顧慮重重，不利於長期領導方式的建立。弗魯姆還強調，由規範模型提供的最少人力與時間消耗的決策方式，並不會適合任何環境，在某些情況下如果運用這種方式，可能會適得其反。因此，在進行決策方式的選擇時，領導者應充分考慮各方面的情況，對所有可行方案進行利弊分析，經過綜合平衡再作選擇，因為很可能所選擇的方案恰恰是人力與時間消耗最多的方案。

描述性模型

以上所討論的都屬於規範性問題。為了使研究更切合實際，作者在大量調查研究和深入的分析的基礎上，建立了「領導行為描述模型」。該模型的基本特點是，先要求領導者回答一套標準問題，並將領導者對工作問題的處理方式與規範模型行為（對問題的處理方式）進行比較，據此來判斷領導者的行為特徵和領導風格。

在為建立描述性模型而進行的大量調查研究中，弗魯姆應用了兩種研究方法，它們分別被稱為「回憶問題法」和「標準問題法」。

回憶問題法要求被調查對象透過回憶，以書面形式描述一個他（她）最近親身經歷並且已獲解決的工作問題，指出他（她）在解決問題時使用的是哪些決策方式，並按照規範模型的要求，逐項回答七個層次問題；標準問題法則是應用一套由弗魯姆透過試驗設計出的標準案例，要求被調查者設想自己是案例中的經理人，根據自己的經驗和處事風格決定自己應採取何種方式解決工作問題和進行決策，進而得出影響經理人員與下屬分享決策權的各種因素。

透過對領導者行為的研究，弗魯姆得到一個極其重要的發現：某些管理學家認為的，每個管理者都具有不同程度的參與性管理傾向，這種說法並不完全正確。可以肯定，管理者將參與式管理作為專制式管理的對立面來使用，對此，他們的傾向各不相同。

標準問題法研究顯示，這類行為差異約占決策方式行為差異總量的十％。然而，不同管理者之間的行為差異較之同一管理者自身的行為差異（即同一個人在不同的環境下表現出不同的行為方式）要小。正如標準問題法研究所顯示的那樣，沒有一個管理者在處理具體的工作問題時會永遠採取同一決策方式（這也是不科學的，因為它違背了事物是不斷發展的原則），大多數管理者都使用過幾乎所有決策方式。

弗魯姆認為，同一個管理者之所以會採用不同的行為方式，是由於人們對不同的環境會有不同的反應。每一個管理者進行決策時，都要受到來自不同方面的大量因素的影響，影響管理者做出正確的決策方式的關鍵，是他們能否對環境做出正確的評估。弗魯姆認為，在以下幾種場合下，管理者可以採取幾乎不向下屬提供任何參與機會的決策方式：決策者已經掌握了進行決策所必需的各項資訊；決策者所要解決的是高結構性的問題；下屬對決策的可接受性不影響決策的執行效果，或者可以說，專制獨裁式決策也具有相當高的可接受性；下屬的個體目標與組織目標不一致。

弗魯姆以上討論過的都是大家在處理組織問題時，廣泛採用的且帶有共同性質的方法。但是調查結果還顯示，每個經理人員的行為方式都有自己的特點。關於這一點，可以從兩個方面進行闡釋：一方面是從理論上說的，這時，可以認為這是因為領導者在實行參與管理方面採用的選擇規則各不相同；另一方面是從統計數字上來講的，在統計上顯示環境因素與管理者個性特點之間是相互作用的。

例如，在用標準問題法進行調查時，有兩位經理就三十個相同的案例說明了自己的看法，他們都使用了上述七種決策方式中的五種，而且頻率分佈完全相同，因此，在某種意義上說明，兩人主張參與式管理的程度是一樣的。然而，透過細緻分析便可發現，二者的行為方式仍有區別。如在鼓勵下屬參與決策時，兩位經理在允許或提供參與式管理的場合時所做出的表現完全不同。一位經理允許下屬參與沒有品質要求的決策，例如牆壁應當刷成什麼顏色或公司野餐會應當何時舉行之類。與他相反的，另一位經理則要求下屬參與有品質要求的決策，共同決定那些影響公司成功和關係到實現公司長遠目標的重要事項。

弗魯姆認為，規範模型行為與管理者實際行為之間的一個重要差別在於，規範模型的行為會隨著環境的變化而發生明顯的變化，管理者行為對環境的反應卻受到主觀因素的影響，其結果是當環境發生變化時，管理者行為可能變化也可能不變。不過，**如果管理者在選擇決策方式時能自願地以規範模型為基礎，那麼他的表現將趨向於兩端，一方面，他將變得更加專斷，另一方面，他將變得更加民主**。因為在決策對下級無影響的情況下，他會更為頻繁地使用專制決策方式；而在下級的支持對於執行決策至關重要或十分需要下級的專長和資訊幫助的情況下，他會更為經常地使用參與決策方式。

在對決策方式進行研究的過程中，弗魯姆認識到，他們收集資料的方法經過修改和補充後，可以用於領導者的培訓工作中。這可以說是一個十分重要的副產品——以規範性模型和描述性研究的實驗方法為基礎的領導人員培訓方法。此種新方法遵循兩條基本原則：一是作為領導者對環境條件的要求；二是根據每個具體工作問題的性質來選擇恰當的決策方式。這兩者是相互聯繫、密不可分的，後者也可以視作前者的一個方面或一種表現。

弗魯姆認為，每個管理者如果將自己過去和現在的決策行為與規範模型的行為相比較，並且弄清在決策活動中他（她）違反了哪些規則，透過這樣做，他就可以使自己的能力得到不同程度的提高。因為透過這樣的比較，規範模型可為管理者提供一種分析工具，管理者可以用這種工具來分析自己所處的環境，分析哪種決策方式可供選擇。

弗魯姆指出，在解決組織行為問題的方面，社會科學的確能做出更大的貢獻。對上述規範模型的研究正是一例。或許有人會提出，目前就讓社會科學家對組織面臨的問題開出藥方還為時過早，因為現實中的問題往往極其複雜，而我們的知識又極其有限，即使是針對實際環境進行分析得出的結論也未必正確。可是組織的問題是客觀存在著的，經理人員不能等著行為科學發展到完美無缺的地步時再去處理問題。我們提出的模型會有助於經理人員做出更合理、更有效的選擇和決策，進而使組織的發展更加合理和快速。

《普通企業管理學》

京特・沃厄：普通企業管理學巨匠

對一個企業來說，是使用推銷人員還是使用商業代理人，這是一項重大決策。企業一般要根據其工作效率、經濟性和靈活性做出長期安排。

——沃厄

京特・沃厄（Gunter Wohe），生於一九二四年，原德意志聯邦共和國政治學博士及經濟科學名譽博士。他曾在哈雷大學和維爾茲堡大學學習，接著在維爾茲堡大學獲得了博士學位和在大學講學的資格。一九五八—一九六〇年，沃厄博士曾在維爾茲堡大學任私人講師，接著成了索爾布呂肯大學企業管理學專業的國家委任教師。一九六〇年後，他成為索爾布呂肯薩爾州綜合大學企業管理學正教授。在他的科學論文和著作中，他曾研究過企業管理學的方法和存在的主要問題，研究結算和結算政策，研究過稅務學和資本主義企業的籌資問題。

沃厄博士的知識非常淵博，是位高產作家，在內容廣泛的教學與科學研究活動中，共撰寫了約八十五部著作，《普通企業管理學》是其主要代表作。《普通企業管理學》一書在原西德出版後，至今已修訂出版了十四版，是一本在原西德影響較大、有相當代表性的企業管理學著作，已經成為工商成功人士必讀的一本經典管理學著作。

在《普通企業管理學》一書中，沃厄博士著重地深入研究了在企業管理方面特別重要的會計學。本書著重論述企業管理、投資計算、成本計算等。全書共分為六篇。第一篇研究的是企業管理學本身，研究了企業的分類、企業管理學的思想方法及其歷史發展。第二篇研究了構成企業經濟生活前提的各種要素，尤其是各種生產要素，如人的勞動與勞動報酬、勞動資料和材料。然後深入地研究了包括法定的共同決定權在內的企業管理基礎知識、包括運籌學在內的計劃工作的概念和基礎知識，以及企業組織工作的基礎知識。第三篇從企業管理學的角度一般地而不是從技術上研究了生產問題，詳細地論述了生產函數的成本函數。第四篇介紹的是銷售和企業的價格政策。第五篇和第六篇可以使讀者深入地學習到有關投資、投資計算、籌資以及企業整個會計學的基礎知識和任務方面的知識。企業會計本身又包括財務簿記、年終決算、成本計算和企業管理統計各個項目。

在本書中，沃厄博士在向讀者介紹企業管理學基礎知識時，把章節劃分得很細，使人看後一目了然，可以很容易地得出企業管理學在不同企業內特殊應用的規律性。

沃厄博士在該書中指出，整個企業管理學可分為企業管理方法學、普通企業管理學、特殊企業管理學（某個經濟部門的企業管理學）。結算學和組織學構成企業管理方法學。屬於企業管理方法學範圍的有下列幾個方面：簿記和結算、成本計算、經濟計算、財務數學、企業管理統計學、計劃計算以及辦公室技術和組織技術。其中有些部分，像結算、成本計算和計劃計算可能也是普通企業管理學或特殊企業管理學的理論探討對象。

普通企業管理學

沃厄博士認為，普通企業管理學的任務，是描述和解釋所有企業共同存在的現象和問題。這些現象和問題，與他們屬於哪個經濟部門，以哪種法律形式表現出來，以及企業歸誰所有沒有關係。

普通企業管理學又分為企業管理理論和應用部分。理論的任務是確定各種因素在職能上的關係，以及解釋現實的聯結和事件進程，找出因果關係的規則和規律。應用企業管理學則是要把理論上獲得的知識運用於各個實際問題，並研究出有助於實現企業的特定目標的方法。企業管理理論著眼於認識生產過程，應用企業管理學則是側重於企業生產過程的安排。

沃厄博士指出，特殊企業管理學則是由各個經濟部門的特徵所決定的，因而不是所有企業共有的企業管理的問題。工業管理學、商業管理學、銀行管理學、手工業、交通業和保險業的企業管理學和農業管理學，都屬於這種所謂的經濟部門管理學。此外，稅務企業管理學以及審查和信託企業管理學也發展起來了。沃厄博士認為，儘管在大學和高等學校的考試制度和教學計劃中，上面提到的最後兩種企業管理學被算作特殊企業管理學，但他們既不屬於經濟部門管理學，也不屬於特殊企業管理學。稅收的作用，要麼在所有經濟部門的企業中原則上都相同，要麼它就主要不是取決於經濟部門的不同，而主要取決於法律形式的不同，或者取決於該企業與其他企業的聯合形式，或者取決於企業的所有制上的區別。

把企業管理學分成普通和特殊企業管理學的這種分類法，是不太令人滿意的。人們越來越多地要求要根據企業的職能，也就是根據主要活動領域，來對企業管理學進行分類。按職能進行的分類，還未能取代迄今為止的按組織機構進行的分類，並且還沒有得出一個企業管理學自身嚴謹的體系。

下列各項是最重要的企業職能：一、經營管理；二、籌資；三、投資；四、採購；五、儲存；六、生產；七、運輸；八、銷售。

沃厄博士認為，根據企業職能範圍對企業管理學加以分類，當然不能代替通常的把企業管理學分為普通企業管理學和特殊企業管理學的分類。因為由各經濟部門的特性所產生的問題，需要在各項職能範圍內再作一番特殊的研究。比如會計工作的某些問題，在工業企業、商業企業和銀行企業中差別是極大的。除了幾個一般問題外，上述三個經濟部門在處理成本核算和預算時，就必須分開討論。

就像生產的職能對大家都適用，工業生產和商業部門、銀行部門或保險部門提供勞務，其本身很少有共同之處。這樣，沒有區別地處理這類問題就顯得不妥當。如果用職能分類法代替了按經濟部門進行分類，那麼在每項職能內便仍要按經濟部門來分類。這對分類學無疑沒有好處。因為現實的經濟向我們顯示的不是彼此分離的職能，而是帶有各自特殊問題的相互分離的經濟部門。

因此，沃厄博士認為，把企業管理學分為普通企業管理學和特殊企業管理學，比按企業的職能來分類，顯得更為合理。因為後一種分法只表面上克服某些缺陷，並且還有其他不足之處。如果按職能對普通企業管理學和經濟部門企業管理學加以分類，但又不因此而放棄處理經濟部門上的問題，那麼按職能分類的想法是會大有用處的。

對管理學分類是一個怎樣分更合適的問題。企業管理文獻今天雖運用著兩個分類標準，但可以斷定，綜合性的教科書，從根本上說，或者是研究普通企業管理學的領域，或者是研究各個經濟部門企業管理領域。按職能分類則被包括在各經濟部門企業管理學之中。而專門談這樣或那樣職能的教科書和專著，一般卻不是對各經濟部門的有關職能都加以研究，而是基本上把對所有企業是共同的東西，也就是按職能分類的普通企業管理學的片斷部分作為探討的對象。

生產這個概念，在日常生活用語中和企業管理著作中有不同的理解，一般可歸納為三種含義：第一，就廣義而言，「生產」可理解為各個生產要素的一種組合，即生產就是生產過程，包括企業的全部職能：籌資、採購、運輸、庫存、製造、管理、銷售、監督；第二，就狹義言，「生產」應理解為企業創造勞動成果的過程，「生產」只包括採購、運輸、庫存、製造及其管理和監督等基本職能；第三，就最狹義而言，「生產」僅僅理解為「製造」這一種職能，這種理解首先使人想到的是工業企業的生產製造，而不會聯想到服務性行業的勞動，所以，這種理解是太狹隘了。因此，**沃厄博士認為，把生產看成為企業創造勞動成果的過程較為恰當。**

生產只是整個生產過程的一部分，即創造成果的那部分，此外，還有利用成果（即銷售）和籌資與投資兩部分。銷售與生產一樣，也包括企業的一連串基本職能。除了推銷商品外，還包括倉庫保管、運輸、管理與監督等。而且許多職能既屬於生產範疇，又屬於銷售範疇。例如，倉庫保管不僅要貯存採購來的屬於生產範疇內的原材料、輔助材料和燃料，還要貯存應在市場上銷售的成品。這樣管理和監督也都涉及生產和銷售兩個範疇。此外，企業必須掌握全部生產過程中所需要的資金，否則，生產和銷售便都是不可想像的。因此，籌資和投資就成了企業生產過程的第三部分。

企業的任何一種生產過程都需要使用人的勞動力，都需要使用各種機械、工具和材料。人的勞動、勞動資料和材料是企業的三個生產要素。然而，這三種要素在企業內的組合並不是它們自己自然而然地進行的，而是依靠人的領導、計劃和組織工作才組合到一起的。這些帶領導性的工作同一個工人或一個女秘書所從事的勞動一樣，都屬於人的勞動，但它又不同於後者。工人和女秘書從事的勞動我們把它叫做執行性勞動，而那些帶領導性的工作我們卻把它叫做領導性勞動。領導性勞動是表現在各種生產要素的一切組合中的。所以，如果沒有領導性勞動，其餘的各種要素是不能收到經濟效果的。也正是由於這個原因，我們才把領導性勞動從人的勞動這一要素中抽了出來，並把它看作一個獨立的生產要素。於是，我們便得出了企業的四種生產要素：第一，導性勞動。其作用是對勞動過程實施領導、計劃、組織和監督。從事這種勞動就是為決策進行準備以及做出相應的決策；第二，執行性勞動；第三，勞動資料；第四，材料。

後三種生產要素也叫基本要素，他們是直接與生產對象發生關係的，因而也叫與勞動對象有關的生產要素。這三種要素的使用是受領導性要素控制的。**一個企業總收益的多少不但取決於能否使各種生產要素實現最佳的組合，而且也取決於各種要素本身的品質。**所以在我們研究各種生產要素如何實現最佳組合之前，有必要首先來單獨研究一下每一種生產要素。

企業進行生產的目的不只是供給人們需要的一定的物品，而主要是獲取最大限度的利潤，企業生產和銷售的過程只是達到此目的的手段，因此，上述三個方面在企業進行生產的全部活動中，沒有高低之分，而必須使三個方面相互密切地協調一致。因為如果生產的產品不能保證銷售，生產就毫無意義，只有銷售興旺，才能把投入的資金以盡可能高的利潤收回來；另一方面，如果不能開闢生產所需要的各種資金來源，即使銷路再好也沒有用。

沃厄博士指出，銷售的目標是在需要的地方和在需要的時機，以適當的數量單位向需求者提供生產的成果。對於銷售所完成的空間、時間和數量上的調節任務，也可以稱作物理學上的分配。這在一切經濟體系中，這種轉變的目的都是把物品從較低一級的價值轉變到較高一級的價值。然而，價值的估計方法卻是與經濟體系有關的。在中央管理的經濟體系中，價格是透過行政命令規定的；而在市場經濟體系中，價格卻是在市場上由買賣雙方自由決定的。

產品銷售是生產過程的最後階段。當銷售透過對生產成果的利用，即透過出售實物和勞務，回收投入生產過程中的資金，而使生產繼續進行時，銷售就完成資金流透過程的活動。銷售不僅要滿足現在的需要，而且要激發新的需求。為實現激發新的需求這一目的，主要是靠招徠活動。

除了物理學上的分配以外，銷售的另一個任務是向潛在的顧客介紹有關產品的數量、品質和供貨條件等。除了物理學上的分配和介紹商品這兩種主要的職能外，還有輔助性的和補充性的職能，如各種方式的為顧客服務專案、辦理賠購等。

在一些企業管理的文獻中，「Absatz」（銷售）的概念越來越廣泛地由「Marketing」這一概念所代替。「Marketing」這個概念原來是「銷售學」的意思，但近幾年來涵義擴大多了，它已不再局限於企業的一種主要職能，而是包括了全部生活過程，成了一個經營管理上的概念。

蒂茲認為，從企業政策角度看，市場活動主要包括三方面的問題：第一，以市場活動為中心的企業主的管理思想，即市場活動哲學；第二，以市場活動為中心的企業組織和領導；第三，在採購和銷售政策上採取實用主義的態度。

而在比德林馬易爾看來，市場活動是一種企業管理的概念，它表示為了達到企業的目標，企業所採取的一切活動，都要堅定不移地針對市場的當前和將來的要求來安排。

邁費特指出，把市場活動解釋為——「計劃、協調和檢查企業根據當前的潛在的市場所進行的一切活動。透過持續的滿足顧客的要求，在整個經濟的供貨過程中，實現企業的目標。」

從廣義的觀點看，市場活動這個概念與企業的一切重要職能都有關係。因此，在採購市場活動範圍內，人們稱之為人力市場活動、原料市場活動和資本市場活動，並應用如地區性的、超國家的和國際的市場活動概念，來區分微觀和宏觀市場活動之間、單一經濟和整體經濟問題之間的差別。在宏觀市場活動中，不僅涉及整體經濟問題，而且涉及社會問題和社會政策問題，還要區分商業市場活動和社會市場活動。市場活動的概念，已擴展到採購市場和銷售市場，並使生產過程的所有其他方面都服從於銷售經濟觀。這導致了對銷售方面意義的過分強調，並使企業管理學最終成為市場活動科學。蒂茲就把市場活動看成是一門獨立的學科，認為它應該對買賣雙方之間的貨物交換，根據實際情況提供決定性的幫助。如果不考慮社會和社會政策範圍，那麼以市場為中心的市場活動概念，就不單單是採購市場和銷售市場的總和。為了影響這兩個市場，就要投入市場活動工具。銷售市場活動工具主要以影響收益為目的，即以影響銷售量和銷售價格、銷售費用為目的；採購市場活動工具正相反，主要以影響採購量和採購價格為目的。這種市場活動概念是從這種錯誤觀點出發的，即在協調企業各方面活動時，銷售處於優先的地位，因此企業的一切活動都要根據銷售來安排。根據古滕貝格的計劃平衡規律，一切其他部門的計劃，永遠要以最薄弱部門為依據。儘管銷售部門有重大的意義，但銷售部門永遠是最薄弱部門的論點，是不符合實際經驗的。有足夠的例子說明，有時籌資方面和生產方面也會成為最薄弱環節。那時，調整其他各方面工作是要以這兩個最薄弱環節為依據的。

我們越來越清晰地觀察到，**市場活動已脫離了原來的銷售經濟的性質。越來越大的市場活動範圍，不能再納入企業管理學的範疇，市場活動已成為一門獨立的、科學的市場活動科學。**可以這樣說，從當代學科劃分的觀點來看，它是一門包括企業管理學的科學。在這裏要明確指出，市場活動的概念，遠遠超出了以上論述的銷售概念。

《經理工作的性質》

亨利．明茲伯格：經理角色理論巨匠

經理工作無論多麼繁忙，但都有一個共同特點，那就是他們的工作都是變化的，沒有一件工作是穩定的、長期的。

——明茲伯格

亨利・明茲伯格（Henry Mintzberg），加拿大著名的管理學家，經理角色學派的代表人物，一九三九年出生於蒙特利爾市，曾先後獲得麥克吉爾大學文學學士學位、喬治・威廉爵士大學文學碩士學位、美國麻省理工學院管理學碩士學位、麻省理工學院管理博士學位。畢業後，曾任麥克吉爾大學教授，一九七三年，任美國卡內基—梅隆大學訪問教授。

明茲伯格在管理學上的主要貢獻在於對經理工作的分析，進而創造了經理角色學派。經理角色學派是管理學理論的一個分支學派，主要強調經理工作對組織的巨大作用，並對經理工作的範圍、性質、功能進行了全面的考察，還針對怎樣提高經理工作的效率提出了自己的看法。

明茲伯格的主要著作有：《經理工作的性質》、《組織的結構：研究的綜合》、《組織內外的權利》、《結構的五種形式：設計高效率的組織》、《組織戰略的形成》、《明茲伯格談管理：進入奇妙的管理世界》、《戰略計劃的興衰》等。

《經理工作的性質》一書，是經理角色學派最早出版的經典著作。本書不但介紹和評價了當代關於經理職務的八個主要學派的主要觀點，而且在這基礎上，還全面地闡述了經理工作的特點、經理工作中的變化及經理職務的類型、經理的角色、提高經理工作效率的要點以及經理工作的未來等五個方面的問題。

本書為我們更好地理解經理人的角色、工作性質和職能提供了較好的理論基礎，並對如何提高經理工作效率、進行經理的培養、尤其是對改革傳統的領導管理體制，具有重要的現實意義。

在本書中，明茲伯格透過長期對經理工作的詳細研究，認為在當時的許多企業裏，經理所發揮的作用是遠遠不夠的，其原因並不是經理能力不強或者沒有充裕的時間，而是經理所做的工作並不是企業中最主要的。許多經理往往做一些不該做的事，這些事對企業的管理、生產效益的提高不會帶來任何有益的幫助。隨著社會的發展和經濟一體化的進程，作為企業管理者和決策者的經理，在今後將會發揮越來越大的作用，所以有必要在對經理工作進行深入細緻的研究後，對經理工作提出指導性的觀點和可操作的具體方案，明茲伯格擔當起了這個責任。

這本書是明茲伯格根據八百九十封信件材料和三百六十八次訪談記錄而寫成的，它明確指出，法約爾曾經提出的管理定義，現在已經不大適應了。我們只有透過觀察和描述實際的管理工作，來瞭解管理工作的現實，才能更好地概括管理工作的要素。值得注意的是，明茲伯格透過實際考察得出來的結論，與現代組織理論的基本觀點相當地吻合。

經理工作的特點

經理的工作無論怎麼繁忙，都有一個共同的特點，那就是他們的工作都是不斷變化的，沒有一件工作是長期而穩定的。因此，明茲伯格認為，不論是哪種類型的經理，其工作都有以下六個特點：

工作量大而且緊張

經理既要全面負責一個組織中各個方面的工作，還要與外界保持聯繫，所以總有大量的工作要做。這就使得經理必須時時處於緊張狀態，以快節奏高效率完成任務，真正休息的時間就會變得很少。高級經理更是這樣，他們每天都要處理大量的郵件、電話，進行多次會晤，這些事情要佔用大量的時間，所以他們幾乎沒有真正地休息過，就連喝咖啡時也在進行談話。

經理之所以會有如此大量的工作、讓自己處於高度的緊張狀態中，是由於經理職責的廣泛性以及對工作沒有明確的規劃。工程師的設計或律師的案件都有個終結，而經理必須永遠這麼忙碌，永遠不能停下腳步。

活動短暫、多樣而瑣碎

明茲伯格指出，在現代社會中，大多數人的工作是專業化和專一化的，而經理的工作卻是多樣化的，短暫而瑣碎的。調查結果顯示，總經理平均每天有三十六個書面聯繫和十六個口頭聯繫，而這些聯繫都是互不干涉、各不相同的。他們每項工作的短暫性也令人吃驚，在他們的工作中，有半數不到九分鐘便完成了。電話也非常簡明扼要，平均只需花費六分鐘，只有十分之一的工作需花費了一個小時以上的時間。經理們往往不願採取措施來改變工作中的這種短暫、多樣而瑣碎的狀況。這是因為他知道自己在組織中的作用以及自己對組織的價值，因而對時間的機會成本就會特別敏感，只能以這種短暫、多樣而瑣碎的方式來工作。但是，這樣做，必然造成經理工作的膚淺，而在現代社會中，這種情況是要加以克服的。

積極面對現實

明茲伯格指出，經理趨向於把注意力和精力放在現實的、具體的、經過規劃的活動中。他對現實中的具體問題和當前大家最關心的問題做出積極的反應，對例行報表及定期報告則缺乏熱情。他們強烈地希望獲得最新資訊，以瞭解組織的動態，為自己的進一步行動找到依據。經理的工作涉及的幾乎都是實際問題，很少考慮全面問題。總經理很少在工作時間參與討論抽象問題，或者制定全面計劃。

顯然，通常意義上把經理看作是一個計劃擬定者的觀點是與實際情況不符合的；如果經理確實在做計劃，他也不是抽著煙斗獨自思考，而是把收集資訊、計劃和決策等各項活動結合起來進行的。工作的特殊性迫使經理不是深思熟慮地進行計劃，而是在現場解決各種實際問題。

愛用口頭方式交談

經理通常使用的工作聯繫方式主要有郵件（書面通信）、電話、會晤，以及視察（直觀的）等四種。這幾種聯繫方式有很大的差別。明茲伯格認為，絕大多數經理不喜歡使用書面信件，而愛用口頭方式交談。他們用在口頭交談上的時間在所有的聯繫方式中所占的比重最大。經理的職責是指導和命令別人進行具體的工作，而他自己並不從事，所以，經理的生產性輸出基本上能夠用他們傳遞出的訊息量來衡量。

重視與外部和下屬的資訊聯繫

經理需要與上級、外界和下屬等三個方面維持資訊聯繫，經理實際上處於其下屬和其他人之間，產生把這些人聯結起來的橋樑作用。調查結果顯示，經理與外界聯繫所花時間占總工作時間的三分之一到二分之一，與上級的聯繫所花時間也占總工作時間的三分之一到二分之一，而與下屬的聯繫所花時間僅占總工作時間的十分之一以下。

權力和責任相結合

經理的責任很重，經常要處理大量的緊急事務，似乎很難控制周圍的環境和自己的時間。與責任相對應，他也掌握著很大的權力。他可以採取一些措施，在解決問題的過程中想出一些新的主意以把問題變成機會，為企業的發展服務。

經理的角色

其實，**經理的職權可大體分為兩個方面，一是初步決定權，二是執行監督權**。所謂的初步決定權，是指經理對公司事物做出初步的決定。執行監督權是指經理對公司的決策執行情況進行監督，使責任和權力同步。經理要負責初步決定權的正確性以及執行監督權的有效性。

具體來說，經理在工作中主要擔任以下十種角色：掛名首腦、領導者、聯絡者、監聽者、傳播者、發言人、企業家、故障排除者、資源分配者和談判者。這些角色是從不同的方面來劃分的。前三種是從人際關係方面來界定的，第四到第六種是從資訊傳遞方面來界定的，後四種則是從決策方面來界定的。接著，明茲伯格對這十種角色進行了詳細地解釋。

從人際關係方面來看

在人際關係方面的活動中，掛名首腦角色是一種空洞的概念，它並不表示經理在工作中怎樣執行自己的決策權力；作為領導者，它規定了經理工作的性質和內容，比如指導下屬員工的活動，創造工作環境，激發員工積極性、協調員工之間的關係等等；作為聯絡者，經理既要在組織內部處理好員工與組織的關係，又要處理好本組織與外部的聯繫，進而使組織內部與外部之間的關係進一步和諧，促進組織的發展。

從資訊傳遞方面來看

在資訊傳遞方面，經理既是監聽者、傳播者，又是發言人。監聽者意味著經理要瞭解並掌握組織內部的各種資訊，以及周圍環境的變化；所謂傳播者，是指經理要將自己得到的確切資訊回饋給員工和下屬，讓他們及時瞭解組織的動態；發言人，則是指經理將資訊發佈給下屬員工，讓員工瞭解自己的意圖。在傳達資訊方面，經理人員要盡可能迅速而全面地掌握組織資訊並將之傳遞給下屬或員工，這樣，可使大家能夠及時瞭解組織的發展動態，進而對自己的工作做出適當的調整。

從決策方面來看

在擔當資訊方面角色的過程中，經理接收的與傳播的資訊都還不會對組織的決策發揮作用，但是作為決策方面的角色，經理就要實實在在地對組織的發展產生直接影響了。

經理作為企業家，要保證組織的變化是合理的，並努力去發現問題和解決問題，要抓住組織發展中的每一次機遇，勇於創新，大膽開拓，例如改進現有方案、將權力分派給下屬等；作為組織的負責人，經理對組織活動中出現的一切問題都要負直接責任或連帶責任，而不管問題是不是由他親自造成的；經理也是故障排除者，要及時發現組織活動中出現的問題，並採用快速的手段合理解決，以保證生產的順利進行；經理還是資源分配者，實際是指經理要安排組織內所有成員的工作內容，並對資源進行合理有效的分配，以達到人盡其職、物盡其用；作為談判者，經理要在同外界的交流中代表組織形象，充當組織的發言人，並盡力維護組織的利益。

經理的職務可以分為以下幾種類型：第一，聯繫人，擔任的是聯絡者與掛名首腦的角色；第二，政治經理，擔任的是發言人和談判者的角色；第三，企業家，擔當的是企業家和談判者的角色；第四，內當家，擔當的是資源分配者角色；第五，即時經理，擔當的是故障排除者角色；第六，協調經理，擔當的是領導者角色；第七，專家經理，擔當的是監聽者和發言人角色；第八，新經理，擔當的是聯絡者和監聽者角色。

產生經理工作差異性的原因

隨著實際情況的變化，經理所擔任的角色也會不斷變化，這就是所謂的經理工作的差異性。產生差異的原因有很多，主要來說，有以下幾點：

外在環境的變化

環境的變化對經理工作內容變化的影響是十分嚴重的。當組織環境的競爭性、變化率、成長壓力與生產壓力等方面變化的越快時，它對經理工作帶來的影響就越大。因此，經理不得不把大量的時間耗費在處理外在環境的變化資訊上。這就使得他的工作顯得更為瑣碎，不過也會變得更加靈活，生機盎然。

職務的變化

職務的級別以及所擔負的職責的變化，也會使得經理的工作發生變化。經理的級別越高，他處理的問題就會越多、越複雜，相反的，經理的級別越低，他處理的問題就會越少越簡單。所以，當經理的級別發生變化時，比如，由低級升為高級，他的工作性質和工作內容也會隨之改變。同樣的道理，當經理的職責發生變化時，比如說，權力的擴大與縮小、由一個部門轉移到另一個部門等，也會使得經理的工作內容和工作性質發生改變。

個人性格的變化

工作風格表現的是經理的個人性格，如果經理的性格發生變化，比如，經歷波折變得更加堅強，或者因為經受不起挫折而一蹶不振等，這些都將影響到經理工作的變化。並且經理的工作是全方位的，如果他只根據自己的喜惡行事，對自己喜歡的事情就會特別關注，而對於不喜歡的事情就不管不問，這種態度勢必會影響到組織的發展。

時間的變化

時間對經理工作變化的影響也十分重要。假如經理在平時本來要五小時去完成的工作，現在必須在四個半小時完成的話，他只有加快工作節奏了，這必然會使它改變原來的工作計劃。

經理工作的變化所帶來的差異性是普遍存在的，並且在將來，這種差異性會越來越明顯，因為突發事件會越來越多。

提高經理的效率

明茲伯格認為，要提高經理的工作效率，就必須要注意以下十點：

與下屬共用資訊

員工要有效地工作，就必須不斷地得到資訊。但是下屬由於地位和條件的限制，難於獲得足夠的資訊，因此，只能透過經理來獲得某些資訊，他們尤其期望從經理那裏得到以下兩種特殊的資訊：第一是依靠經理確定組織的準則。經理必須在利潤、生產發展、環境保護、員工福利等方面加以權衡，擬定出指導方針並傳達給下屬，使下屬能夠明白並很好的遵守；第二是依靠經理瞭解目標和計劃。他們依靠經理來瞭解組織的目標和計劃，然後以此為準則，擬定出自己的目標和計劃。

自覺地克服工作中的表面性

明茲伯格指出，由於經理的工作量大，並且這些工作又具有多樣、瑣碎、簡短的特徵，所以，就造成經理工作浮於表面，不能深入的解決問題。對於那些驅使他解決問題很膚淺的因素，經理應該清醒認識，並且要儘量的消除。有一些問題，他必須集中精力，深刻理解；另一些問題，他只需粗略地過問一下就行了，明智的經理會在這兩者中進行權衡，然後做出抉擇。

經理可以把工作分成以下幾類來進行處理：第一，對於一些一般性的工作，可以授權給下屬或員工去做；第二，另一些工作，可以讓下級管理人員去做。對於這些工作，經理需要瞭解，但不必在這上面花費太多的時間。方案的擬定可由下級管理人員來完成，自己作最後的審核。在審核時，他既要依據自己的一般性的理解，又要考慮到下屬對具體細節的認識，特別要注意的是，不能輕率地否定自己並不完全理解的建議方案；第三，親自處理複雜的問題。對於那些複雜的、重要的、事關組織未來發展的重大事項，經理必須親自處理。這些往往是屬於機構改組、組織擴展、重大矛盾事件等問題。經理應該總攬全局，考慮到問題的各個方面，對政策和方針作全面系統的分析。

在共用資訊的基礎上，由兩三個人分擔經理的職務

明茲伯格認為，要克服經理工作負擔過重，一個好的辦法是由兩三個人來共同分擔經理職務，形成「兩位一體」、「三位一體」、「管理小組」等領導體制。其中「兩位一體」的形式尤為普遍，為大多數公司所採用。要使「兩位一體」的辦法有效地實行，必須具有以下兩個條件：第一，領導集體中的每個人必須共用資訊。充分而有效的資訊，是經理能承擔其職務的關鍵因素。分擔經理職務的成敗主要取決於資訊的共用程度。領導集體中的每一個成員都必須擔任「資訊接受者」的角色，並注意把資訊傳遞給其他成員；第二，對方針和目標認識應該保持一致的。領導集體中的每個成員必須協調配合，對組織的方針和目標有一致的認識。否則的話，各做各的事、各說各的話，朝不同的方向使

力，領導機構和整個組織就會解體。

盡可能地利用各種職責為組織目標服務

明茲伯格認為，經理為了履行各種職責，需要花費許多時間。有的經理在遭到挫折或失敗時，往往歸咎於自己的職責太多，以致未能把工作做得更好。其實，他應該歸咎於自己沒有盡可能地利用各種職責來為自己組織的目的服務。同一件事，某些人看來只是負擔，而另一些人看來卻是機會。**明茲伯格指出，對於一個精明的經理來說，他的每一項職責都給他提供了為組織目標服務的機會。**處理一次危機當然要花費時間和精力，但在這一過程中，也可以讓他找到改革的方法。經理所做的每一件事，都要想著怎樣為組織目標服務。

擺脫非必要的工作，騰出時間規劃未來

經理的責任不僅是要保證組織能有效地生產今天所需的商品和服務，又要使組織能適應社會的發展，在未來會取得更好的成就。這就使得經理要從繁瑣的工作中騰出一些時間，為未來作一個細緻而周密的規劃。

以適應於實際情況的角色為重點

明茲伯格認為，經理雖然要全面地擔任十種角色，但在不同的情況下要有不同的重點。在日常的工作中，經理往往以聯絡者和資訊接受者或傳播者的面目出現，在決定公司的未來發展方向的事情上，經理又擔當起企業家的責任。而一旦公司出現突發的破壞事件，經理的角色需馬上轉變為故障排除者。

既要掌握實際情節，又要有全局觀點

經理人員必須把實際情節融合在一起，在腦子裏對某一事件有一個整體的概念。為了做到這點，明茲伯格認為，經理人員除了需要掌握必要的資訊以形成自己的模型之外，還要參考別人提出的各種模型，取長補短。

充分認識自己在組織中的影響

明茲伯格認為，下屬對經理的一言一行都是極為敏感的，因此，經理要充分認識到自己對組織的影響，凡事小心謹慎。這一原則不僅對小型組織有效，對於大型組織也是非常重要的。大型組織中最高領導者的一句草率的議論、隨便透露的資訊，都會透過多種形式滲透下去，對組織產生重大影響。

並且，經理的個人興趣也會對組織產生重大影響，所以，經理應該言行謹慎，不能以個人的興趣和愛好為行事的準則。

處理好各種對組織施加影響力量的關係

明茲伯格認為，能對組織施加重大影響的力量主要來自於員工、工會、大眾、顧客、股東、學者、供貨者、政府等。因此，經理人員要對這些力量加以平衡，照顧到各個方面的利益和要求，讓他們得到共同的發展。

利用管理科學家的知識和才能

明茲伯格認為，經理必須在編制工作日程、做出戰略決策等方面利用管理科學家的知識和才能，因為，個人的知識和才能畢竟是有限的，只有博取眾家之長，為我所用，才能保證組織始終處於良性發展之中。但是，經理要想有效地利用管理科學家的知識和才能，就必須與他們很好地合作與共事。經理必須按照管理科學家的要求，在一個動態的體系中工作，並且要把自己的知識和才能用於解決組織的當前實際問題。經理還要對管理科學家們提出具體而明確的要求，使他們對經理的工作有一個詳細的瞭解，並且知道經理工作中存在的問題，讓他們能夠得到充分並必要的資訊和資料。只有這樣，經理才能從管理科學家那裏得到必要的幫助。

《Z理論》

威廉・大內：Z理論創始人

與市場和官僚機構相比，Z型組織與氏族更為相似。在這種意義上，他們培養了成員之間在工作上的以及社交上的密切關係。

——大內

威廉・大內（William Ouchi），日裔美國管理學家，美國加利福尼亞大學管理學教授，一九四三年生於美國檀香山，曾先後在史丹佛大學獲得企業管理碩士學位和在芝加哥大學獲得企業管理博士學位。

大內從一九七三年開始對日本的企業管理方式進行研究，他選擇了日、美兩國的一些典型企業進行研究。《Z理論》一書於一九八一年由美國愛迪生—衛斯理出版公司出版，出版後幾乎立即風靡美國，並且很快傳播到全球各地的管理學界，成為暢銷書之一。大內還有其他一些管理學方面的著作和論文，這些進一步鞏固和發展了他的管理思想。

《Z理論》一書全稱為《Z理論——美國企業如何對付日本的挑戰》。在本書中，大內首先分析了日本企業的主要特徵，又將美國企業與日本企業作對比，依此得出結論，日本的經營管理效率一般都比美國高。在此基礎上，大內提出，美國的企業應該結合本國的特點向日本學習，形成一種自己的管理方式。他把這種管理方式歸結為「Z型管理方式」，並對這種管理方式作了理論上的概括，提出了「Z理論」這種組織發展理論。

大內指出，日本式管理有著優於美國管理方式的特點，主要是重視調動員工積極性，實行參與式管理。他根據一連串調查和分析，以日本式管理為樣板，提出了取名「Z理論」的建議。並詳細介紹了由A理論向Z理論的轉變過程。

日本企業的特徵

在雇傭制方面，採用終身雇用制

在日本企業中，最突出、最顯著的特徵，就是實行終身雇用制。日本公司都不同程度地實行終身雇用制。在日本，各公司每年都嚴格地招收一批員工，從員工中提拔一批人，一直聘用到規定的退休年齡五十五歲。

特殊的評價和提拔員工制度

日本企業的另一個顯著特徵，是特殊的評價和提拔員工制度。兩名新員工同時進人一個典型的日本公司，他們在受雇的前十年中會得到同等程度的晉升，就連增加的薪金也是一樣的。從第十一年開始，他們之間的差距開始逐步拉開，而不墨守過去的提升等級。這種方法的優點在於普遍地減少追求短期利益的企圖，並削弱了同伴之間的相互攀比以及相互敵視的現象。

專業和職務發展

個人的專業和職務發展是日本公司關注的另一問題。典型的職業生涯，是使人們學習適應多種職務的技能，而不是只會一種。企業的人事人員比財務人員更為重要。這種強調「人的管理」的做法，不是向員工描繪狹隘的職務晉升藍圖，而是建立起員工對組織的忠誠。

共同分享經驗的機制

日本企業共同分享經驗的機制，增加了員工進行有效交流的機會，因此，整個公司的經營方針和目標往往能為全體員工所接受，決策也成為大家共同參與的集體活動。公司所要研究的問題，集中在如何達到共同目標和建立長遠經營戰略，公司發展的責任不是由某個人承擔，而是由一群人或一個集體共同承擔。

企業經營與社會生活融為一體

日本企業的最後一個特徵是，對企業和員工的各個方面都表現出關心，它把企業經營與人們的社會生活融為一體。

總之，一旦發生某種變動，所有日本的企業都會不同程度地表現出上述五個特徵。

美國模型與日本模型的比較

大內聲稱，美國的企業要向日本的企業學習，首先要知道美國人可以向日本人學習什麼，而解決這一問題的關鍵，是要瞭解美國人與日本人之間的真正區別是什麼。根據他的分析，日本企業與美國企業在管理方式上的不同，主要表現在兩個方面：

在雇傭制方面

在雇傭制方面，日本企業多採用終身雇傭制，而美國企業的雇傭一般是短期的；日本企業對員工的評價和晉級比較緩慢，它們並不著眼於短期見效的手法，而是根據員工的長期不懈努力，對其相應的評價；日本企業在培訓員工時，並非只讓其從事一項專門的工作，而是讓他去熟悉各個部門的業務，這樣培養出來的高級管理人員，實際上已成為一個擁有多方面能力的專家。

在決策方面

在決策方面，日本企業更多地強調集體決策，它主要是建立在相互信任和協調一致的基礎上的，儘管這樣的決策需要花費很多時間，但在實行時會迅速見效。在此基礎上，日本員工很形成強烈的集體價值觀和集體責任感，而這些，是西方人難以理解的。

大內經過考察發現，美國模型在每個重要方面恰恰是日本模型的對立面，其對比如下：

日本企業（Z型組織）	美國企業（A型組織）
終身雇傭制	短期雇傭制
緩慢的評價和升級	迅速的評價和升級
非專業化的經歷道路	專業化的經歷道路
含蓄的控制	明確的控制
集體的決策過程	個人的決策過程
集體負責	個人負責
整體關係	局部關係

Z理論的主要內容

在以上分析的基礎上，大內系統地闡述了Z型組織的特徵、Z型組織的理論以及形成Z型組織的困難性。他認為，Z型組織在形式上既與日本企業有相似之處，又有不同的地方，日本企業的特徵在一定程度上，描繪了Z型組織理論的某些要點。

Z型組織的內容，基本可以簡述如下：

長期、穩定的雇傭關係

企業對員工的雇傭是長期的，即使在經濟恐慌或營業不佳時，企業一般也不採取減員的辦法，而是透過減少員工工時、削減獎金津貼等辦法來渡過困難時期。這樣，員工由於職業有保障，就會積極關心企業的利益和成長。

下情上達的經營管理模式

企業在做出重大決策時，由處於第一線的生產和銷售部門的員工提出建議，然後交上級領導者歸納整理。上級領導者要採取各種形式啟發下級主動提出建議，並鼓勵和支持下級作進一步的調查研究，使建議更加完善。

基層管理人員

基層管理人員不是機械地執行上級命令，而是一方面抓住問題的實質，就地解決；另一方面，在向上級彙報情況之前，要與有關部門的管理人員統一思想，共同制定解決問題的方案。

統一思想的方法

統一思想的方法主要是，中層管理人員對各種建議和意見進行調整統一。為了全面分析問題，員工可以提出不同的看法，在進行充分醞釀和討論以後，最後達成一致的意見。這樣，由於反覆協商調整，做出的決策實行起來較快，而且較少出錯。

上下級之間的關係

上下級之間的關係應該是融洽的。企業管理者要處處顯示出對員工的關心，員工也要關心企業的前途。例如，經理能叫出員工的名字，為員工的生日開慶祝會，讓員工參加決定工作條件的會議等，而員工也要時時維護企業的形象，處處為企業的利益著想。

創造生動的工作環境

管理當局不但要保證員工能夠順利完成生產任務，而且要使員工在工作中得到滿足，心情愉快。

重視員工的培訓

重視員工的培訓，注意多方面培訓他們的工作能力。例如，一位財務經理不僅需要財務方面的知識，還要培訓他在生產方面和銷售方面的能力，或者其他更多的能力。

考察員工的表現

考察員工的表現不能過窄，應該是長期而全面的，不僅要考察員工的生產技術，而且要考察員工在社會活動方面的能力等。

A模型到Z模型轉變的步驟

轉換的目的，在於提高組織對人，而不是對技術進行協調的能力，以便進一步提高生產效率。轉換的步驟如下：

第一步：理解Z型組織和本人的作用

開始時，要求每個有關的管理人員閱讀有關這一理論的資料，以便熟悉它的基本思想。要鼓勵公開懷疑，鼓勵以坦率、平等和積極參與的態度對這些思想進行討論，這也是為了取得信任。

在閱讀和討論階段，要特別重視Z型組織的思想實質，也要重視討論的過程。這個過程必須反映出作為變革的最終目標的平等、坦率。那些從A型轉向Z型取得成功的人，最引人注意的一種品格是正直，即對問題做出正確誠實的反應。

第二步：檢查公司的宗旨，即公司的目標

對公司目標的敘述，可以使你瞭解你據以工作和生活的價值觀。它代表人們在組織中處事的途徑，以及組織對它所服務的人們、其顧客及社區做出反應的途徑。**企業的宗旨影響著它的各個方面，企業經營的成敗在很大程度上取決於其宗旨。**宗旨應明確提出公司的激勵精神，使所有的人都能理解。對宗旨的檢查還能暴露出高層經理在言行之間的差異，以及企業戰略同管理宗旨是否相符。

第三步：解釋所期望的管理宗旨，並使企業領導者支援這項宗旨

如果沒有等級制度中最高領導人的有力支援，一個組織的變革是不能成功的，所以，必須向領導人解釋所期望的管理宗旨，並且，要使領導人真正理解並積極支持。

第四步：透過創立結構和刺激來貫徹宗旨

為了實現所期望的宗旨，就要建立一定的組織機構，用來彌補人們在資訊交流和協作上的偶然失誤。同時，對於企業中的經理和工作人員來說，刺激是至關重要的。

第五步：發展人際關係的技能

處理人際關係技能，在Z型組織中處於中心地位。從某種意義上來講，Z型組織是依靠隨著需要的改變而靈活的改變自己的形式取得成功的。而要做到這一點，必須要能很好的處理人際關係。

第六步：對自己和系統進行測驗

當實行一種組織上的革新時，必須進行某些試驗來顯示它是否達到了預期的效果，以便說服那些持懷疑態度的人。這種試驗不一定是複雜的，但必須要有很強的說服力，使那些人知道他的擔心是沒有根據的。另一方面，這種試驗有助於使那些真正支持改革的人冷靜下來，使他們看見個人在變革中的弱點。在高層經理向較低階層推行Z型管理理論以前，他們首先必須對自己進行測驗，以便確定自己對這種宗旨掌握了多少。

第七步：把工會包含在計劃之內

新的Z型公司只有先把工會包含在其計劃之內，才能實行實質性變化——如使雇傭穩定化或實行緩慢評價和提升。Z型組織的成功在很大程度上取決於權力的平等分配。實現權利的平均分配有三種方法，其中一種就是建立工會。但是，在許多公司中，不公正和不負責的企業管理當局，迫使工會處於一種敵對的地位。因此，必須加強公司經理與工會高級職員之間的聯繫和交流。

第八步：使雇傭關係穩定化

雇傭的穩定，一部分是由公司的政策直接導致的。員工由於有更好的就業機會而自願結束雇傭的情況，可以用以下的辦法來改變：為他提供更有挑戰性的工作，使他在工作中的地位更為平等，給他提供更多的參與決策的機會等。

非自願地結束雇傭或大批解雇大都與公司政策有關。即使在經濟蕭條時，公司也可以透過分擔不幸來避免解雇，比如，股東可以少分紅利或多承擔些損失，各級員工可以縮短工作周或少得工資等。

第九步：決定一種緩慢的評價和提升的制度

在一個穩定發展的企業中，放慢評價和提升的速度對於向員工強調其長期工作成績的重要性是極為關鍵的。但是，隨著社會的發展，青年人越來越缺乏耐心，有的人就可能離開Z型企業加入A型公司。解決這個問題的辦法很簡單：與競爭的企業相比，把他們快速提升，使他們不致離去；但與其同等地位的人相比，放慢對他們的提升速度，以便他們發展出一種長期觀點。

第十步：擴大職業發展的道路

美國經濟正進入一個持續的緩慢增長時期，這使得中級專業人員或經理進一步提升的機會很有限。但研究結果顯示，那些繼續在一個公司內部各種職務之間調動而並未在等級制度上提升的經理，保持其熱情、效率和滿意的程度，幾乎與那些既有同級調動又被向上提升的「傑出人物」一樣高。所以必須發展非專業化的職業生涯，鼓勵員工轉移到能使他們學到新東西的有關職務上去，而不是一味的向上爬。這就需要高層經理樹立一個好的榜樣。

第十一步：為基層的實施做準備

絕大多數美國公司的改革，一般都在較低等級開始進行的，而Z型組織則從高層開始，進行自上而下的改革。這樣做的理由是，只有上層經過改革之後，透過上層的邀請，下層的管理人員和員工才能參與改革。如果一個組織在開始時是嚴格的等級制的，那麼進化性的變革必須在等級制的高層開始。成功的Z型公司不是透過在基層實行參與管理而匆忙地改正錯誤，而是先在上層花費時間去取得瞭解和真正地承擔責任。

第十二步：找出實行參與的領域

要做到這一點，就要多徵求員工的意見，並把員工的合理意見付之實施。如果已經實現了平等的報酬、工作的穩定以及部門之間的協調，那麼拿計時工資的員工就會承擔責任和創造出新的更高的生產率。

第十三步：使整體關係得到發展

整體關係是組織一體化的結果，而不是其原因。它使上級和下級暫時作為平等者相處，以縮小或消除其距離。整體關係是團結性、內聚力的表現，而內聚力是在共同工作並共用其歸屬感情的員工團體中湧現出來的。整體關係不是制定出來的，但只要Z型變革已在進行，它就有發展的機會。

上述這些步驟只是作為一種大致的指南，而不是作為管理思想轉變的一種烹調書。在從A型到Z型的轉變過程中，這些步驟雖然重複，但還需要管理者根據實際的情況進行合理的調動。

《合作競爭大未來》

尼爾・瑞克曼：合作競爭理論的巨匠

能夠建立親密的客戶關係、夥伴關係，業務才能維持長久。

——瑞克曼

《合作競爭大未來》出版於一九九五年，這本書由三位銷售領域的權威人士寫成。在書中，三位作者透過對現有的國際形勢的分析，為管理人員提供了全新的經營戰略：不要總是期盼搶到更多的蛋糕，而是要將蛋糕做得更大——合作競爭大未來。很多跨國公司的總裁，對這一經營戰略都深表同感，並在實際經營中加以運用。下面對本書的三位作者進行一些簡單介紹。

尼爾・瑞克曼（Neil Rackham），美國國際性研究與顧問公司荷士衛機構的總裁。在銷售效能研究領域內，瑞克曼可以說是一位先鋒。他曾在銷售能力的改善上，進行過多次研究並提出了洞察深刻的精闢見解。他的著作有《銷售巨人》等書。

勞倫斯・傅德曼（Lawrence Friedman），荷士衛機構的客戶服務經理。該機構有關顧客服務與訓練計劃的設計均出自於傅德曼之手，此外，他還為客戶提供個案與實例的研究。他擅長將一些發展中的新概念（如夥伴關係）——轉化成具體的客戶策略與技巧。傅德曼曾在安達信顧問公司從事科技與變革管理方面的工作，著作頗豐，也是高科技產業中有關「夥伴關係」議題的發起者。

索察・魯夫（Rickard Ruff），荷士衛機構的執行副總裁。他有二十五年橫跨學術界、政府機關與私人企業的諮詢顧問經歷，曾與美國國內外五百家大企業中的許多組織合作過。他的著作有《重點銷售管理》一書。三位作者作為銷售領域的權威人士，其突出貢獻在於將實踐中的問題、新觀念和案例，引入到理論中來，並對其進行了深入的探討。

合作競爭大未來

在《合作競爭大未來》一書中，作者首先指出夥伴關係出現的原因，以及決定夥伴關係成功與否的基本因素，然後又對遠景進行了分析，指出建立一個共用的遠景，是所有成功的夥伴關係的起點和基礎。

最後，作者為管理人員開出了具體的藥方，為他們選擇合適的合作夥伴，提供了四項最基本、最重要的原則。作者在書中最獨特的觀點是，建議要與自己的競爭對手建立合作關係，這是很多人所不能想像的。

隨著跨國公司的迅速發展和國際競爭的加劇，傳統的管理理論已滿足不了現代社會發展的需要。為了解決這一困境，美國管理學家以全新的視角提出了企業蛻變理論、競爭優勢理論、合作競爭理論等，想以此來為企業的發展尋求出路，使之在當代激烈的競爭中取得優勢。

作者認為，**真正的企業變革，指的是不同組織之間加強團結合作、用合作創造價值的方法來促進企業的發展；公司要尋求出新的合作經營方法，協助企業取得前所未有的獲利能力與競爭力。這種新關係被稱為「夥伴關係」。**

事實證明，夥伴關係帶來了更高的生產力、更低的成本和創造更好的新市場價值等。在全球，這種新型的、夥伴關係的策略，逐漸改變了許多國家企業的經營方式。夥伴關係之所以能夠出現，有如下兩條原因：

一是縮減供應商數目的同時，保證了產品品質的可靠和價格的優惠。

二是按照傳統理論，企業要想提高生產力，採取的措施往往是削減費用、減少管理層次、重新設計流程、改善資訊系統、例行事務的自動化等，但所有這些措施都將注意力放在公司內部。

事實上，企業平均有五五％的收益會用到產品與服務上，即公司有大半收益花在對外採購上。因此，有些公司開始大量縮減供應商數目，並以大額採購的優勢強迫供應商大量削減成本。

表面上看，這些措施似乎取得了很好的效果，實際上卻是，有些企業開始失去供應商的忠誠與信賴，原料供給出現危機。夥伴關係的變革，能夠使得供應商和企業在各自的市場中具備長期的競爭優勢。

作者認為，**要想造就成功的夥伴關係，需要注意三個基本的因素，那就是貢獻、親密與遠景。**

貢獻用以描述夥伴間能夠創造出的具體有效的成果，成功的夥伴關係可以提高生產力，增加附加價值，最重要的是，也改善了雙方的獲利能力。從這個意義上來說，貢獻是每一個成功夥伴關係「存在的理由」。成功的夥伴關係超越了普通的交易關係，已達到了相當程度的親密，這種親密的結合在舊式的交易模式中是不可想像的。此外，成功的夥伴關係間必須要有遠景，亦即對夥伴關係所要達到的目標的想像，以及設計出如何達到這一目標的方法。

說得再具體一點，那就是在成功夥伴關係的貢獻中，有兩項基本特徵：

第一，為提高貢獻、加強合作，夥伴關係的雙方都要對自身的某些操作流程或其他方面進行改革，以適應對方的要求。

第二，要利用一切的條件，爭取把利潤大餅做得更大，這樣，雙方就可以公平地分享所增加的利潤。在這一過程中，如果供應商和企業制定合理適當的分配比例，則會形成一種雙贏的局面。但是，我們必須明白，貢獻不會憑空而得，它需要一個培育夥伴關係的環境。只有這樣，才能激勵合作雙方進行改造，這也是維繫長期且深入的合作方式的最有效的辦法。

親密的夥伴關係有三個基本層面：互信、資訊共用、夥伴團隊本身。在每一個成功的夥伴關係中，高度的信賴、重要策略資訊的頻繁交流以及兩者間強大而健全的團隊，永遠居於核心的地位。

反之，如果雙方之間缺乏信賴，資訊的交流只是偶爾的而且還帶有一定程度的交易性質，並且，夥伴間的團隊只是供應商或客戶一廂情願的決定，那麼，這種關係是很難持久的。

在夥伴關係中，互信不僅僅代表著誠實坦白，從更深的層次上來說，它還表現在你究竟代表著誰的利益，以及你能否不計報酬地引薦最佳的對策，並且，也不計較在這一過程中誰將處於主導地位或誰將從中獲利。

供應商如果能夠具備這種不偏無私的觀點，即：一切以客戶的根本利益為導向，並以此作為雙方交往的基礎，那麼，就會讓客戶對自己的無私做法有深刻印象，而這一切，正是建立雙方親密關係的基石。

此外，還必須能夠將互信的作用善加運用和發揮。互信本身並不是最終的目標，它的作用是為銷售人員提供取得最新資訊的管道，同時，也有助於讓銷售人員向客戶提供更多更有價值的重要資訊。

透過對顧客需求、企業方向、策略、偏好以及市場趨向等方面的深入瞭解，就很可能取得競爭優勢，進而使自己在競爭中處於有利地位。如果銷售人員沒有掌握足夠的資訊，或者組織的其他方面出現資訊缺乏，在這種情況下，資訊共用就成為必要。要實現資訊共用，就必須要遵守幾個原則：一是在交易過場中，要實現雙方的互利互惠；二是應該將事業層面的焦點，即資訊交換的重點置於銷售之上，而且，還得將夥伴間整體的事業的議題涵蓋其中，滿足在這之上的更大需求，同時也發掘出更多的價值；三是將目光投向於未來，而不是僅盯住現在。

夥伴關係的導向系統是遠景，而能夠建立一個共用的遠景，是所有成功夥伴關係的起點和基礎。遠景之所以重要，是因為它為「為什麼要建立夥伴關係？」提供了答案。在遠景中應該明確描述出潛在的價值，藉此，為夥伴關係發展提供方向，同時，也為這個過程中的風險與花費提供合理的、令人信服的理由。為夥伴關係創造遠景，具體方法如下：

第一，對夥伴的潛能進行評估。透過這一評估，可以評判出該夥伴關係是否具有足夠的潛能，是否能夠得到長期穩定的發展。

第二，發展夥伴前提。夥伴前提是指描述一些簡單明瞭、具有吸引力的事業主題，雙方可以就這一主題進行協商，共同合作，漸漸地開發出共有的遠景。

第三，共建可行性評估小組。當圍繞夥伴前提的初步討論，漸漸引導出對潛在價值的共同認識之後，夥伴供應商與客戶間會組成一個共同的工作小組，對夥伴關係的可行與否進行評估。同時，小組成員在他們各自的公司中也應該躍居夥伴關係的主要角色。

第四，創造共用遠景。一旦雙方認為這個夥伴關係確實必要且可行後，他們就必須創造一個共用的遠景，不僅作為夥伴關係的目標，也為雙方的合作提供前進的方向，使雙方能夠朝著共同的方向前進。

在對夥伴關係的三個基本層面進行討論之後，作者指出，並不是所有的企業都會與其供應商成為夥伴，畢竟，建立夥伴關係是一種高風險的策略。一方面，夥伴關係絕對是一個有利的客戶關係策略：透過長久的合作與發展，可以為供應商帶來更大的競爭優勢；另一方面，夥伴關係也使得供應商可以為市場創造出更多的價值，在這個基礎上，使自己可以隨著市場的發展而茁壯成長，而不再像過去一樣，只是消極地回應自己。但，這種種利益的前提是，夥伴關係必須是在合適的環境中應用於合適的對象才可得到。選擇合適的對象共結夥伴關係，是建立夥伴關係策略最重要的基礎。

選擇一個合適的夥伴，必須遵循以下四個最基本、最重要的準則：

第一，努力創造貢獻的潛能。也就是說，要看自己未來的夥伴能否在夥伴關係中創造真正、獨特的價值，而這一要求，在傳統的供應商——客戶關係形態中是無法達成的。

第二，共有的價值。透過考查供應商與客戶在價值觀上是否有足夠的共通性，以此來判斷夥伴關係是否真實可行。

第三，儘量創造有利於夥伴關係的環境。對客戶的購買模式和態度進行研究，看對方是否是建立夥伴關係的合適人選。

第四，與供應商的目標一致。就是要看看該夥伴關係是否與客戶自己的方向或市場策略一致，如果相違背，那麼，此夥伴關係是難以維持的。

作者認為，供應商除了可以與客戶結成夥伴關係以保持競爭優勢，還可以與其他供應商即競爭對手結成夥伴關係。作者之所以提出這樣的建議，是因為以下三個理由：

第一，效率與規模經濟。供應商可以透過與同業建立夥伴關係，運用規模優勢合力削減成本，提高雙方的效率。這種做法在零售業中尤其盛行。

第二，新市場價值。在某些行業中，同業供應商之間的夥伴關係已經進入了一個更新的層次——結合雙方的力量創造更多的市場價值，進而為整個市場創造出更大的貢獻。也就是說，將合作雙方各自的核心能力結合起來，研發出新的產品，推出新的發展方案。這種結合可以為雙方提供更多的市場機會，有一些大型的、更高形式的結合，甚至可以扭轉整個產業的發展方向。

第三，客戶需求。對於任何企業來講，要改變及創造整個產業的策略，就要想盡辦法滿足客戶的期望與需求。而供應商之間的攜手合作，正好順應了這一潮流，能夠輕而易舉地滿足客戶的這種要求與期盼，這一現象，在那些高科技產業中，表現得更加明顯。因此，廠商別無它途，只能盡自己的一切力量與競爭者共謀發展。

那麼，要想與其他的供應商進行強有力的合作，應該怎麼做呢？作者認為，可以從以下四個方面進行考慮：

第一，為雙方的合作發展制定有吸引力的共同目標。這是夥伴關係課題中的一個關鍵技巧。要想與其他供應商建立長期有效的、互惠互利的夥伴關係，雙方都必須要謹慎地思考對方所要達到的目的，並認真找出彼此利益與需求的重疊處，以及這樣的結合可以為市場帶來哪些獨特的價值。

第二，擴大共同的利益基礎。當與其他的供應商結成夥伴時，應先界定出所有的夥伴雙方可以共用的目標，再找出那些無法與對方共用甚至是與對方利益衝突的目標。而對於那些介於兩者之間的目標應盡力支援，盡可能使之成為共同目標，進而擴大利益的共同點。這一點，也是夥伴關係中最精彩最刺激的部分。

第三，以客戶利益為中心，明確界定彼此的角色。界定的步驟是：首先，找出所有可能的角色，並且這些角色必須能夠涵蓋所有對客戶的責任；其次，透過某些單獨的工具或程序，指出雙方的不同意見；最後，將雙方都已經肯定過的角色暫放一邊，然後，將時間與精力都放在有異議的問題上，透過共同討論、互相協商，找到阻礙雙方達成一致的因素，然後透過共同努力，盡力將這些因素消除。

第四，在夥伴關係中維持均衡。想讓夥伴對自己做出承諾，並在實際合作中對自己足夠忠誠，除了要讓對方獲得應有的報酬外，還要讓他們覺得自己的付出與所得的報酬是相應的，自己所有的努力都得到了應有的回報。

強調貢獻與報酬的平衡，並且能夠付諸於實際行動之中，這不失為一個明智的策略。要達到這種平衡，是完全有可能的，它不會因為雙方在協商時沒有提及而消失或衰減。因此，問題的關鍵不在於「是否有平衡的可能」，而在於供應商在合作過程中，是否願意隨時留意合作夥伴的反應，或在問題出現後，是否能夠馬上採取措施，加以補救。

只有做到這一點，才能夠使夥伴關係長久地維持下去，也才能夠促進雙方可以共同的發展。

隨著世界市場的出現和經濟一體化的發展，商業競爭已演變得越來越激烈，在這種情況下，要想單槍匹馬地在商海闖蕩，幾乎是不可能的，因此，合作就成了一種必然的趨勢。本書的三位作者根據自己的實際經驗和大量觀察，為管理人員闡述了在當今社會合作競爭的本質意義和具體內涵。讀完這本書，我們能夠得到很多關於管理方面的真知灼見。

《再造企業》

邁克・哈默：企業再造之父

為了飛越性地改善成本、品質、服務、速度等重大的現代企業的運營基準，必須對工作流程進行根本性重新思考並徹底改革，也就是說，從頭改變，重新設計。

——哈默

邁克・哈默（Michael Hammer），美國著名的管理學家，出生於一九四八年，就讀於麻省理工學院，並在此學院獲得了學士、碩士和博士學位。畢業後，哈默曾先後擔任過IBM軟體工程師，麻省理工學院電腦專業教授以及「Index Consulting」集團的「PRISM」研究負責人。

哈默是「企業再造」和「業務流程」理念的創始人，他的思想使現代經營管理領域發生了深刻的變化。全球的許多企業，都將他的理念運用於實際的經營活動和組織結構之中，並取得了驚人的成績。因此，《商業週刊》把他列為二十世紀九〇年代四位傑出的管理思想家之一。在《時代》雜誌列出的一份全美二十五位最有影響力的人物名單中，哈默博士榜上有名。

企業再造理論也被譯為「公司再造」、「再造工程」，在西方國家被稱為是「從毛毛蟲變蝴蝶」的革命，它是一九九三年開始在美國出現的關於企業經營管理方式的一種新的理論和方法。所謂「再造工程」，簡單地說，就是為了能夠適應現代社會發展的要求，企業必須摒棄已成慣例的運營模式和工作方法，以工作流程為中心，重新設計企業的經營、管理及運營方式。

哈默的主要著作有：《再造企業》、《再造革命》、《管理再造》、《超越再造》等。正是由於這些著作，哈默在國際管理學界被稱為「企業再造之父」。

一九九三年，哈默和詹姆斯・錢皮（James Champy）合作推出了《再造企業》一書，在美國和許多西方已開發國家中，掀起了一場工商管理的革命。在書中，哈默和錢皮並沒有羅列出一組提供不同產品和服務的企業案例，而是為我們描繪了一張業務流程圖，以及身處其中的人們不斷進行互動的網路。在這張網路裏，那些以企業的產品或服務為主線的各個組織，它們之間的關係是休戚與共的。在這種情況下，傳統的保守商業秘密的做法，已經適應不了時代的要求，社會中到處充滿了協作的氣氛。透過這種協作，人們不僅擁有各自需要的資訊，並且能夠相互分享觀點：

第一，創建協調機制。在企業銷售方面與客戶進一步協調，在客戶最需要企業的產品時，能夠以較低的成本向其供應品質可靠的產品。

第二，更加透明。就是要向客戶詳盡地展示企業的業務流程。從某種意義上來說，這是一項在提高生產效率的同時保持競爭力的革新措施。

第三，理解客戶的角色。公司要想更為出色地實現客戶的「拉動」價值，就要多與客戶交談，耐心而認真地傾聽客戶的建議。只有這樣，公司才能從客戶的需求方面調整自己的戰略方針，生產出更受歡迎的產品。

第四，不斷推進企業再造的進程。當公司的每一個部門都將網際網路的作用發揮得淋漓盡致時，公司的效率就能獲得成倍的增長，同時，也能為客戶提供更好的服務。

《再造企業》一書的基本內容有以下幾點：一是「再造」的背景——現實的挑戰與理論的缺陷；二是「再造」的核心——重組業務流程；三是「再造」的程序——經營管理合理化；四是「再造」的啟示——重新設計企業。

「再造」的背景——現實的挑戰與理論的缺陷

「企業再造」理論的出現，具有深刻的時代背景，但是，歸結起來，主要表現在以下兩個方面：

它是為了適應市場競爭的需要

二十世紀六七〇年代，美國企業面對來自其他國家企業的嚴峻挑戰，不得不對自身進行反思，希望透過大量觀察與認真研究，找到本國企業競爭能力不斷下降的原因；同時，西方已開發國家已經完成了工業化進程，並逐步進入了資訊化社會。隨著社會的進步，人們的需求層次逐漸提高，需求的內容也日益多樣化，供需矛盾應運而生，並日益突出，這一切，都使得企業之間的競爭不斷加劇。

資訊技術方面的革命，使得企業的經營環境和運作方式發生了極大的變化，而美國經濟的長期低迷，又使得市場競爭日益激烈，企業面臨的挑戰越來越嚴峻。關於這一種全新的挑戰，有些管理專家用「3C」理論對其進行闡述：

■ 顧客（Customer）——買賣雙方關係中的主導權，轉到了顧客一方。企業間競爭的加劇，使顧客對商品有了更大的選擇餘地；並且，隨著生活水準的不斷提高，顧客對各種產品和服務也有了更高的要求。

■競爭（Competition）——隨著科技的進步，競爭的方式和手段也不斷地得到發展，發生了根本性的變化。越來越多的跨國公司走出國門，在全球市場上展開各種形式的競爭。此時，美國企業面臨日本、歐洲企業的競爭威脅。

■變化（Change）——隨著市場需求的日趨加快，產品壽命週期已由「年」趨於「月」。技術的進步使企業的生產、服務系統不斷發生變化，並且，這種變化已經成為持續不斷的事情。因此在大量生產、大量消費的環境下發展起來的企業經營管理模式，已經適應不了快速變化的市場的需求。

在全球企業經營環境迅速變化的過程中，一些早先業績頗佳的美國企業，由於墨守成規、固步自封，沒有及時採取措施以適應新的形勢，進而喪失了原先的優勢地位。為了擺脫這一困境，自一九八〇年以後，美國企業開始積極向日本企業學習，並理所當然地認為，只要將日本的成功經驗移植過來，就可以取得成功。但實際情況顯示，這種改良式的變革，並沒有使美國企業取得期望的成效。基於這種情況，許多學者認識到，要想使美國企業迅速獲得再生，奪回世界領先的位置，重展霸主風采，就要對現有的企業管理觀念、組織原則和工作方法進行徹底的重組再造，做一次脫胎換骨的大手術，而不是只在邊邊角角做一些修改。

「企業再造」理論的出現，一個明確的指向就是亞當・史密斯提出的「分工理論」。史密斯認為，「勞動生產力最大的增進，以及運用勞動時所表現的更大的熟練、技巧和判斷力，似乎都是分工的結果。」分工帶來的效率提高，可以從以下幾個方面進行解釋：

一、分工可以推進勞動者生產知識的專業化，促使勞動者在較短的時間內將技能的熟練程度迅速提高，進而在生產中能夠取得較高的生產效率。

二、分工可以使勞動者長時間地專注於一項工作，進而節約或減少由於經常變換工作而耽誤的時間和精力。

三、分工可以促使大量有利於節省勞動的機器和工作方法的出現。

任何事物都有利弊兩個方面，分工也不例外。分工理論在不斷提高企業生產效率的同時，也給企業的持續發展戴上了一把無形的枷鎖：首先，分工將一個連貫的業務流程，轉化成若干個支離破碎的片段。這樣做，既導致了勞動者的技能的單一化，使他們成為一個片面發展的機器附屬物，另一方面，也增加了各個業務部門之間人員的不斷走動與溝通，大大增加交易費用；其次，在分工理論的影響下，科層製成為企業組織的主要形態。這種體制將員工分為嚴格的上下級關係，即使進行一定程度的分權管理，也大大束縛了員工的積極性、主動性和創造性。特別是在老的工業經濟時代逐步向新的知識經濟時代轉變的過程中，流行了二百多年的分工理論已經成為社會變革的絆腳石。因此，以恢復業務流程本來面目為根本內容的「企業再造理論」，便應運而生了。

正是在這樣的背景下，為探索美國企業迎接來自日本、歐洲企業的挑戰之道，哈默和錢皮出版了《再造企業》一書。在書中，哈默和錢皮認為：「二十多年來，沒有一個管理思潮，如目標管理、多樣化、Z理論、零基礎預算、價值分析、分權、品質圈、追求卓越、結構重整、檔案管理、走動管理、矩陣管理、內部創新及『一分鐘決策』等，能將美國的競爭力倒轉過來。」言下之意，只有「企業再造理論」才能令美國企業重整旗鼓，再展雄風。

「再造」的核心——重組業務流程

「企業再造」理論的主要內容，就是提出了對流程的不同理解。哈默和錢皮將流程再造定義為，「針對企業業務流程的基本問題進行反思，並對它進行徹底的重新設計，以便在衡量績效的重要指標上，如成本、品質、服務和效率等方面，取得顯著的進展」，哈默和錢皮還強調，要打破原有分工理論的束縛，重新樹立「以流程為導向」的思想。企業再造將矛頭直接指向被割裂得支離破碎的業務流程，其目的就是要重建完整和高效率的新的業務流程。因此，在再造的過程中，一定要牢固樹立流程的思想，以流程為現行的起點和終點，用嶄新的、更科學的流程替代傳統的以分工理論為基礎的流程。

經過改革的業務流程的特點

經過改革的業務流程，應具有以下的特點：第一，工作單位發生變化——由職能部門變為流程執行小組；第二，工作的變換——從簡單的、單一的任務變為多方面的、綜合的工作；第三，人的作用發生變化——從受控制變為自由支配；第四，職業準備發生變化——從職業培訓變為素質教育；第五，衡量業績和報酬的重點發生變化——從以前的工作標準變為現在的成果標準；第六，晉升的標準發生變化——從看工作成績變為看工作能力；第七，價值觀發生變化——從維持現有狀況變為努力開拓創新；第八，管理人員的形象發生變化——從監工變為教練；第九，組織結構發生變化——減少等級制中不必要的階層，使等級制扁平化；第十，主管人員發生變化——從以前一絲不苟的記分員變為有血有肉的領導人。

企業再造是一種突變式改革

「企業再造」理論認為，企業再造活動絕不是一次改良運動，而是重大的突變式改革。這主要表現為以下三個方面：

一、企業再造對固有的基本信念提出挑戰

企業在經營過程中會遵循一些事先假定好的基本信念，因此，這些信念往往會深深植根於企業內部，影響企業各種經營活動的展開，也影響企業業務流程的設計和執行，這一點，在那些有長期歷史的企業中，表現的尤其明顯。企業再造需要對這些原有的、固定的思維模式進行根本性的解除，催生創造性思維，使企業中的基本信念發生重大轉變。

二、企業再造需要對原有的事物進行徹底的改造

與日本企業的變革方式不同，美國企業的企業再造，絕不是一次漸進式的改良措施，也不是僅僅滿足於對組織內部的修修補補，而是要努力開闢完成工作的新途徑，重建企業的業務流程，重塑企業的形象，使企業發生脫胎換骨般的巨大變化。

三、改革要在經營業績上取得顯著的改進

企業再造，不是要在業績上取得點滴的改善或逐漸的提高，而是要取得顯著的改進，使成果得到質的飛躍。哈默和錢皮認為，「顯著改進」制定了一個標準：「周轉期縮短七〇％，成本降低四〇％，顧客滿意度和企業收益提高四〇％，市場佔有率增長二五％」。這樣做，目的就是從企業競爭力這個指標趕上甚至超過日本。

再造企業的指導思想

在書中，哈默和錢皮指出，「企業再造」有三條基本的指導思想，它們是：

一、以顧客為中心

傳統的分工理論，將完整的流程分解為若干任務，並把每個任務交給專門的人員去完成，受這種思想的影響，工作的重點往往會落在自己所要完成的任務上，進而忽視了最終的目標——滿足顧客的需要。企業再造恢復了業務流程的整個面貌，帶來的第一個直接好處，就是使每位負責流程的人員充分意識到，流程的最終目的，就是要儘量滿足顧客的需求，為產品開拓市場。

二、以員工為中心

「企業再造」將直接導致企業組織結構發生變化，傳統的金字塔型的結構將被扁平化的新模式所代替。變革後的企業中主要以流程小組為主，小組中的成員必須是複合型的人才，他們需要具備全面的知識、綜合的觀念和敬業的精神。為了適應這一形式的要求，員工們就要不斷地學習，使自己具有多方面的技能，以實現挑戰性的目標。

三、以效率和效益為中心

重組流程推動了企業生產效率和效益的提高，ＩＢＭ公司透過重組流程，大大減少了的作業時間，並在很大程度上降低了人工成本，而且將業務量增加了一百倍。

「再造」的程序——經營管理合理化

所謂的企業「再造」，就是重新設計和安排企業的整個生產、服務和經營過程，使之科學化、合理化。透過對企業原有生產經營過程的各個方面、各個環節進行全面的調查研究和細緻分析，對其中不合理、不必要的環節進行徹底的變革或清除。在實際實施過程中，可以按以下幾個程序進行。

對原有流程的功能和效率進行全面的分析，發現其存在的問題

根據企業現行的作業程序，繪製出細緻、明瞭的作業流程圖。一般地說，原來的作業程序是與過去的市場需求、技術條件相適應的，並有一定的組織結構、作業規範等，為其實施作保證。然而，當市場需求、技術條件發生變化時，原有的作業程序就難以適應，作業效率或組織結構的效能就會降低。因此，必須從以下方面對現行的作業流程進行分析，以找出其問題所在：

一、**功能障礙**

隨著科技的發展，使技術具有了不可分性的團隊工作（ＴＮＥ），因此，個人可完成的工作額

度就會發生變化，這就會使原來的作業流程或因支離破碎增加管理成本，或因核算單位太大造成權、責、利脫節，並會使得組織機構的設計不盡合理，對企業的發展產生瓶頸效應。

二、**重要性**

不同的作業流程環節，對企業的影響必定是不同的。隨著市場的發展，顧客對產品、服務需求的變化，作業流程中的關鍵環節以及各環節的重要性也要隨之變化，這樣，才能保證不被淘汰。

三、**可行性**

根據市場、技術變化的特點及企業的實際情況，按輕重緩急的標準對問題做一個大概的分類，找出流程再造的切入點。為了對上述問題的認識更具有針對性，還必須深入現場，進行具體的觀測、分析，找出現存作業流程的功能、制約因素以及表現的關鍵問題。

設計新的流程改進方案，並對其進行評估

為了設計更為科學、合理的業務流程，企業必須要群策群力、集思廣益、鼓勵創新。在設計新的流程改進方案時，要考慮以下幾項因素：將原有的數項業務或工作組合，合併為一；對於工作流程的各個步驟，要按照它們的自然順序進行；給予員工盡可能多的參與決策的權力；為同一種工作流程設置若干種進行方式；應當超越組織的界限，將工作放在最適當的場所進行；儘量減少檢查、控制、調

整等管理工作；設置出項目的負責人。

對於提出的多個流程改進方案，還要對它們從成本、效益、技術條件和風險程度等方面進行評估，盡可能地選取可行性最強的方案。

制定與流程改進方案

相配套的組織結構、人力資源配置和業務規範等方面的改進規劃，進而在系統上形成企業的再造方案。

企業業務流程的實施，是以相應的組織結構、人力資源配置方式、業務規範、溝通管道甚至企業文化作保證的，所以，只有把流程改進放在核心的地位，形成系統的企業再造方案，才能達到企業的預期目的。

組織實施與持續改善

在實施企業的再造方案的過程中，必然會觸及原有的利益格局。因此，管理者必須要精心組織，謹慎推進。既要態度堅定，克服阻力，又要積極宣傳，形成共識，爭取盡可能多的支援，以保證企業再造的順利進行。

企業再造方案的實施，並不意味著企業再造的終結。隨著社會發展的日益加快，企業總是要面臨不斷形成的新的挑戰，因此，就要對企業再造方案不斷地加以改進，以適應新形勢的需要。

「再造」的啟示——重新設計企業

「企業再造」理論，為企業管理領域吹進了一股清風，儘管在實行再造的企業中，失敗的也大有人在，但是，企業再造的思想還是被越來越多的企業所採納。不僅僅是美國和歐洲的企業，包括亞洲企業在內的許多企業都已經行動起來，利用「企業再造」的思想，重新對本企業進行設計。

以價值流為導向對企業進行組織設計

流程的思想，實際是為了堅持顧客的導向。它是按照價值增值的過程，將相關的操作環節進行重新整合，使其成為一個高效率的、能夠適應顧客需要的完整的工作流程，並以此為基礎，對企業的組織結構進行重新的設計。

按照「合工」的思想重新設計企業流程

隨著科技的進步和生產力的巨大發展，分工理論對企業產生的不利影響也日益明顯。哈默創造性地提出了「再造」的思想，將原本屬於一個業務流程的若干個獨立操作重新整合起來，將被分割的企業流程按照全新的思路加以改造，進而使企業能夠適應新的經濟時代，獲得更高的效率和更大的效益。

用徹底的變革代替漸進式變革

與採用改良方式推動企業管理發展的思路不同，「企業再造」理論宣導從一開始就要進行完全徹底的變革，而且這種變革的矛頭直接指向已經沿襲多年的分工思想，為管理理論的新發展奠定了重要的基石。

企業「再造工程」的效果與問題

「再造企業」理論，在美國和歐洲的企業中受到了高度的重視，因而得以迅速推廣。它為企業帶來了顯著的經濟效益，並湧現出大批成功的範例。

一九九四年早期，由「CSC Index」公司（戰略管理諮詢公司）對北美和歐洲的六千家大公司中的六二一家進行了抽樣問卷調查。調查的結果顯示：北美四九七家公司的六九%、歐洲一二四家公司的七五%，已經進行了一個或多個再造專案，餘下的公司中有一半也在考慮進行這樣的項目。美國信用卡公司透過再造，每年減少了超過十億美元的費用；德州儀器公司的半導體部門，透過再造，使積體電路訂貨處理程序的週期減少了一半，大大提高了顧客的滿意度，並使企業收入水準獲得了前所未有的提高。

當然，在「企業再造」的過程中，也有一部分企業進行的效果並不理想。於是，有一部分學者開始嚴肅地探討「企業再造」在企業實施中出現較高失敗率的原因。透過大量的調查與深入的分析，學者們認為，**企業再造理論在實施中之所以容易出現問題，是因為：第一，流程再造忽略了企業的總體經營戰略思想；第二，沒有考慮到作業流程之間的聯結作用；第三，沒有注意到經營流程的設計與管理流程的相互關係。**

從總體上來說，「企業再造」理論順應了透過變革創造企業新活力的需要，這就使得越來越多的學者加入到流程再造的研究中來。有些學者透過對流程重建的實例的大量研究，針對再造工程的理論缺陷，發展出一種被稱為「MTP」的方法，也就是流程管理的新方法。這種方法的實際內容是，以流程為基本的控制單元，按照企業經營戰略的要求，對流程的規劃、設計、構造、運轉及調控等所有環節實行系統管理，全面考慮各種作業流程之間的相互配置關係，以及與管理流程的適應問題。

《追求卓越》

湯姆・彼得斯：享譽世界的經營管理大師

在管理問題上，理論本身是一種引導，它們的價值在於開啟那些可能被我們忽略的門。

——彼得斯

湯姆・彼得斯（Tom Peters），是享譽世界的經營管理大師，經常在歐美商業界引起強烈「地震」的傳奇天才。彼德斯一九四二年出生於美國巴爾的摩市，獲得史丹佛大學企業管理碩士及商學博士，曾任麥肯錫諮詢公司的主要顧問，並常為《華爾街日報》撰稿。彼得斯的主要著作有：《追求卓越》、《亂中取勝》、《卓越的熱潮》、《管理的解放》等。

羅伯特・沃特曼（Robert H. Waterman），出生於美國丹佛市，曾獲科羅拉多礦業大學工程學士及史丹佛大學企業管理碩士，在麥肯錫諮詢公司任經理。他的主要著作有：《追求卓越》、《複新的因素》、《卓越的邊界》等。

兩位作者合著的《追求卓越》，曾被登上《紐約時報》的暢銷書排行榜，是當代最暢銷的管理書籍之一。此書一出版便引起了轟動，它的全球銷量已近六百萬冊，被譽為美國工商管理的「聖經」。該書的出版是管理思想發展史上的一個里程碑。

在美國深受失業、不景氣之苦的時候，管理學界盛行「日本第一」、「Z理論」、「日本經營的藝術」的說法。《追求卓越》這本書的出版，多少使美國人，尤其是美國企業人士，重新拾起已然失落的信心。兩位作者透過訪問美國最優秀的六十二家大公司，並對其中的四十三家卓越組織進行深入分析，進而總結出了成功企業的八大特徵。《追求卓越》一書的分析結論，正是來自對這些公司的直接觀察，而不是純粹分析和推理的結果。本書還指出，成功的秘訣實際上是跨越國界的，同樣的道理如果在日本行得通，那麼在美國也行得通。

彼得斯和沃特曼認為，傑出公司的標準是不斷創新。創新既指具有創造力的員工開發出可以上市的新產品和新服務，也指一個公司能夠適應周圍不斷變化的環境。隨著顧客需求、政府法令及國際貿易環境的改變，公司的戰略方針理應隨之改變，也就是在這一過程中要不斷創新。

追求卓越

貴在行動，而不是沉思

「去做、去弄、去試，這是我們喜歡的格言。」兩位作者寫道。公司一旦發現有適合自己的商業機會，就要立刻行動，萬不可錯失良機。沉思一定的時間是必要的，但是行動一定要快，不能讓別的公司搶了先機。而且公司無論是開展什麼活動，具體的行動都是最重要的。如果只有計劃而沒有實施，那麼機會只是空的計劃，沒有多大的價值可言。**行動可以讓計劃得到落實，可以讓公司走到先進的行列。因此說，公司要貴在行動，如果沒有行動，公司會很快被拋在時代的身後。**

在產品和服務上靠近客戶

「卓越的企業實際上和他們的顧客靠得很緊。即，其他企業在談論這些，卓越企業在做這些。」他們寫道。

彼得斯和沃特曼認為，傑出公司的第二個特徵是：以客戶為導向，這是最重要、最基本的經營管理原則。在這裏，客戶導向不是一般地面向用戶，而是直接接觸顧客，服務至上、品質至上，用不同產品滿足顧客的不同需要。傑出公司應該認真傾聽顧客的意見和建議，從中得出最暢銷產品的靈感，推出高品質、服務佳和信用卓著的產品。

在傑出公司裏，它們堅定不移地奉行以客戶為導向的原則。一方面，在研究企業與顧客之間的交流方面，傑出公司都存在著某種「著迷」的執著。它們似乎是不合情理地看重產品品質、產品的可靠性和服務的品質。另一方面，推動傑出公司前進的主要力量，更多地來自於與顧客的直接接觸，而不是單純的內部技術進步或降低成本。對於傑出公司來說，贏得顧客的好感和忠誠，對於從長期維持和擴大銷售、增加收入是非常重要的，這二者之間總是呈現出互相促進、相輔相成的良性互動關係。

接近顧客就必須要提倡顧客至上，認真做好售後服務，贏得顧客的信賴。傑出公司都奉行服務至上、品質至上的原則，並把這些原則滲透到企業經營管理的各個方面。他們提供別人無法相比的品質、服務和可靠性。為了確保公司經常和顧客聯繫，公司還定期評估顧客滿意的程度，評估結果對於員工，尤其是高級主管的獎金報酬的多寡，具有相當大的重要性。

彼得斯和沃特曼認為，絕大多數傑出公司善於把自己的顧客細分為許多不同的群體。這樣，他們就能夠更好地裁剪自己的產品和服務，以更好地適應不同顧客的需要。這種重視顧客、「量體裁衣」的做法使得傑出公司總是能在市場上一塊特殊的區域中，建立起別人所不具有的長處和優勢。這些企業同樣精明於以價值為依據制定價格。它們裁剪得體、特別吻合特定顧客需要的產品總是領先他人，以高價格進入市場；而一旦競爭者跟進，他們就會退出，並積極研製下一代新產品，以更好地解決顧客面臨的新的需求。大體而言，幾乎每個傑出公司的員工都能共同遵守服務至上的宗旨。

鼓勵員工自治，不要嚴密監督

成功企業鼓勵和呵護所有員工身上的企業家精神。

彼德斯和沃特曼強調，要讓員工自治，給他們一定的自由與權力，放開手讓他們自己去做。管理者要信任員工，相信他們有能力做好自己的工作，也會自覺地努力工作。這裏作者推行的是麥格雷戈的Y理論。嚴密的監督會讓員工產生反感的情緒，會讓他們感到不自由。因此，管理者應該放手。這不僅可以減少管理人員的工作，讓他們把精力集中在更重要的事情上，也可以讓員工有一種被信任、被尊重的感覺。

採取人本管理，避免對立情緒，以人促產

彼德斯和沃特曼引用了一位在通用汽車公司服務了十六年後被解雇的工人的話：「我猜我被解雇是因為我製造了低品質的汽車。但是，在十六年的時間裏，沒有一個人向我徵詢過如何把我的工作做的更好的建議。沒有一次。」

「人力資本」來自舒爾茲和貝克爾在二十世紀六〇年代創立的人力資本理論。這種管理方式以人性為中心，按人性的基本狀況進行管理。人力資本是企業裏一種非常重要的資源，好人才的流失可以讓一個企業從盈利變為虧損。因此企業應該尊重人才，對員工不斷地進行培訓，完善他們的知識和技能，把他們看成企業不可缺少的資源。人本管理應該始終堅持把企業人本身不斷的全面發展和完善作為最高目標，為個人的發展和更好地完成其社會角色提供選擇的自由。

不離本行，專注自身，保持優勢，避免風險

成功企業會一直堅持做那些他們知道自己擅長的事，而且不會輕易分心。

彼得斯和沃特曼認為，傑出公司的第六個特徵是：做內行的事。多樣化經營雖然是必要的，但須緊緊圍繞中心業務，儘量避免從事不熟悉的業務，儘量避免走多元化的綜合體，而是進行它們擅長的事業。這是傑出公司的核心優勢所在。

事實證明，很多進行大量收買或合併的公司都失敗了，主管們常掛在嘴邊的合作效果，在合併和收買後不但沒有實現，而且還把原來的公司搞的一塌糊塗，這是因為，被收買或合併公司的主管，在公司被合併後就離去了，收購公司只收購了一個空殼和一些廢棄的資產設備。更重要的是，收購公司的主管在收買了其他公司以後，哪怕是很小的公司，他都要分心，花時間去管理，這樣，就使得花在原來公司的時間減少了。

經營範圍擴展的過遠，必然沖淡原來的經營哲學和價值準則。收買了新公司後，指引公司發展的價值觀念，以及主管的管理方式，會與多樣化的策略發生衝突。因為每個公司都有自己的一套價值觀，合併成大企業集團後，要想推行統一的價值觀非常不容易。一方面是組織擴展得太大太遠，不容易全面推進；另一方面是統轄企業的主管，不容易取得員工的信任，如從事電子行業的領導者，就不容易在消費品公司中取得信任。

為了避開多樣化陷阱的誘惑，傑出公司的基本原則是，從來不把兩隻腳同時伸進水裏去試冷暖，他們只是把腳趾放進新的水域，一旦情況不妙就及早抽回退出。這種行動原則的背後，是傑出公司對自身基本戰略的深刻認識，即運用獨特的優勢在特定的領域為顧客提供最佳服務。為此，傑出公司始終立足「基本點」，主要依靠內部研發和價值鏈的延伸來實現多樣化經營，且一次只邁一步，扎扎實實的前進，以管理能力能夠勝任為行動的上限。

彼得斯和沃特曼認為，傑出公司也會不斷買進小公司，目的大多是為了在新的技術領域佔據一個視窗。它們以試驗的方式操作，儘快使新業務與原有業務相互融合，成為一個整體。即使出現經營風險，也可以將損失控制在合理的範圍之內，不會對公司造成太大的影響。

深入現場，實行走動式管理，與員工親密接觸

「總經理所產生的真正作用，看起來是把企業的價值觀管理好。」彼德斯和沃特曼總結道。經理應小心保護和維持企業的價值觀，他們不應該是遙遠地方的頭頭們，而應是待在現場，促使事情發展的人。

現在有很多企業管理人員，和員工已經失去了聯繫。他們每天在會議和討論中忙的不亦樂乎，自己管理的公司在現實中到底是什麼樣子，他們倒是不知道了。他們也聽不到客戶的意見，不清楚客戶是怎樣看待公司的產品，甚至不知道自己的產品是怎樣生產的，這樣的管理者，對公司來說是一種危險。

這裏所說的「保持密切的聯繫」不是指透過電話或者是會議接觸，而是管理者與員工和顧客發自內心的、面對面的交流和溝通。這種走動式管理是一種很好的改變以上狀況的方法。他們可以定期去拜訪客戶，聽聽客戶對他們的產品的評價或者一些其他的意見，這並不會打擾到顧客，顧客們總是樂於接受這樣的拜訪的。他們也應該去見一下供應商，和供應商商討一下有關的問題，管理者也應該到自己的工廠或者是工廠走一走，多與工人接觸，聽一聽他們的心聲。

建立簡潔的組織機構，人員要保持精幹

彼得斯和沃特曼說：「公司的規模一變大，就必然帶來複雜性。而多數大公司對複雜性所採取的手段都類似，就是設計出複雜的規章制度和結構。實際上，要想使一個組織真正地發揮作用，就得使公司避免無意義的膨脹。」公司應該避免無意義的多餘的結構，既使不能完全消除它，也應該儘量地

削減它。組織結構太複雜，資訊傳遞速度就會減慢，對外界的反應就會變得遲鈍，有時候一件緊急的事情，交上去幾天還批不下來。

所以說，傑出公司的第七個特徵是——精兵簡政。傑出公司的組織都比較單純，人事也非常精簡，這些公司沒有一家實行過複雜的矩陣結構。

隨著公司規模的變大，業務的發展，組織結構的複雜化似乎是不可避免的。但即使這樣，也應該使公司結構簡單明瞭，比如可以合併一些部門，減少不重要的行政機構等。只有精簡結構，使公司內的員工人盡其才，公司才能高效地運作，也才可以實現利潤最大化。在現代社會中，公司的組織結構應該是短小精幹、快速並且反映靈活的。

對組織目標保持鬆緊有度，不窒息創新的控制系統

彼德斯和沃特曼認為，傑出公司的第八個特徵是鬆緊結合，這也是本書中最為軟弱和最為模糊的地方。

傑出公司既高度集權又高度分權，一方面，傑出公司對於他們珍視的幾條價值準則，比如狂熱的主張高度集中其文化觀念、經營哲學和價值準則等，為員工普遍接受，並在公司內部達到高度共識；另一方面，也正是在這一前提下，才有企業內部高度的分權（權力一直下放到工廠，或產品開發組）和發揚自主精神、創新精神，進而形成寬容的工作氣氛。

也就是說，企業應對組織目標實行鬆緊有度的控制，並且應隨著外界環境的變化，不斷地鼓勵員工進行創新，不斷地調整自己的組織目標，只有這樣，才能夠保持長盛不衰。

這八條原則是本書最重要的內容，雖然它們都不是彼得斯和沃特曼首創的，但從中我們仍然看到這兩位作者的思想精華。本書最重要的特點就是以實際案例為基礎，並結合大量的事實、資料，在深入地分析上形成的，而且，在書中兩位作者還援引了眾多管理學家和經濟學家對這些現象的理論剖析，為讀者展現了清晰的思想框架和嚴密的推理。因此，讀者很容易被它吸引，並從中領略到閱讀的快感。

《追求卓越》的價值，或它的其他方面的東西，現在已不可測量。它的名聲和成功已遠遠超過對其意義的客觀評價。我們能確定的，就是它推動了管理書籍的大量出現，而且，在商界中，肯定了顧客服務在形成差異和建立競爭優勢的過程中所產生的核心作用，這些思想，為管理者提供了參照的藍本。

《現代企業的領導藝術》

約翰・科特：領導變革之父

正如戰爭時期政府和軍隊的領導藝術要比和平時期更為重要一樣，當公司間經濟衝突激烈展開時，經營管理中的領導就變得更重要了。

——科特

約翰・科特（John Kotter），生於一九三九年，是美國哈佛商學院松下幸之助領導學教授，世界知名的管理行為學和領導科學權威，曾兩度榮獲頗具聲譽的麥肯錫基金會「哈佛商學院最佳文章」獎。他曾就讀於麻省理工學院和哈佛大學，一九七二年開始任職於哈佛商學院。一九八〇年，他被商學院授予終身教授，使他成為哈佛大學歷史上獲此殊榮的最年輕的人之一。

約翰・科特的主要作品有《現代企業的領導藝術》、《總經理》、《領導變革》、《松下領導學》、《權利與影響》、《變革的力量》等。

約翰・科特的研究工作，開始於管理行為學起步時期，他寫了大量研究文章，推動了該學科逐漸走向鼎盛。

《現代企業的領導藝術》一書是其中比較著名的一部，科特在該書中指出，領導活動是目前或將來的企業所需要的，它能在競爭日益激烈的世界中使企業興旺發達。該書有益於幫助管理人員和其他企業負責人，在企業內更有效地形成領導環境。

二十世紀八〇年代，當時美國經濟生產率的增長要慢於歐日等國，並且美國企業的競爭力也比較落後，歐日企業則迅速佔領了美國的部分市場；同時，新技術不斷湧現，在這種情況下，怎樣迎接挑戰，成為美國企業界的一項重要課題。《現代企業的領導藝術》一書，正是在這種背景下寫成的。

現代企業的領導藝術

約翰・科特指出，企業環境的不斷變化，表現為競爭激烈程度的不斷提高。這種新的激烈競爭，使許多公司發生了巨變，甚至衝擊到整個產業界。它一方面把一些缺乏競爭性的壟斷市場，重新變成了競爭激烈的戰場，迫使那些在市場佔有極高佔有率的公司，再次投入到爭取客戶的競爭中去；另外一方面，它也促使越來越多的企業，更加關注消費者的需求變化和新技術的發展，然後在此基礎上採取措施以適應新趨勢，實現創新。如果不這樣的話，企業就會成為他人的獵物。

從總體上來看，新的激烈競爭正在開創一個新時代，這是一個與以往不同、尤其是與二十世紀五六〇年代相比更加動盪不安的新時代。激烈的競爭要求公司重新考慮其傳統經營的戰略、方針與常規經營方法，而公司也越來越需要那種能應付競爭如此激烈、公司間經濟矛盾不斷擴大的管理人才。這就要求管理人員大幅度降低成本，引進先進生產的技術，嘗試建立日本經營模式的勞資關係，在勞動力低廉的地區嘗試建立分廠等；要求人事管理人員協助公司負責人，改革企業文化，以使本企業更富競爭力，而且要找到並實施一種能鼓勵公司管理人員，從更長遠的角度考慮問題的補償制度，並建立起一種新氛圍的勞資關係；另外還要求基層技術管理人員，在進行新產品開發時，必須與工程設計領域以外的管理人員合作；甚至要求中層管理人員，找出並實施精減機構與人員的途徑。總而言之，正是這種激烈的競爭導致了對領導藝術的需求不斷地增長。

約翰・科特認為，就在愈演愈烈的競爭使得多數公司內部上下需要更多領導藝術的同時，另一些作用力卻逐漸加大了成功領導的難度。這些作用力是企業成長、經營多樣化、全球化與技術進步。它們導致公司的經營活動變得更加複雜。

企業環境的變化，除了競爭的加劇外，還有公司結構的複雜化。外部環境的變化表現為競爭國際化、各國紛紛放鬆管制、市場日趨成熟、技術進步速度加快，進而導致多數產業的競爭升級。這促使出現日益增長的改革要求，目的在於實現較高的經營水準，比如：更高的生產率、更多的創新、新的市場行銷方法等，這些改革要求，使得在越來越多的工作職位上需要領導藝術。公司結構的複雜化表現為公司規模擴大、產品多樣化、向國外拓展業務、高新技術的運用加快，在現實中也就是多數公司日趨綜合化。這樣便會出現兩種後果：一方面是進行富有成效的改革難度加大，另外一方面是實施成功領導的難度加大。由此可見，領導藝術已經變得非常重要。

在這裏，有一個問題必須要弄清楚，那就是：領導的含義是什麼？約翰・科特認為，這裏所說的領導，是指透過一些不易察覺的方法，鼓動一個群體的人們或多個群體的人們，朝著某個方向、目標努力的過程；而不是指行使上述鼓動過程的人。接下來，約翰・科特透過克萊斯勒公司的案例，得出綜合性企業的成功領導過程為：

制定變革規劃。內容包括企業能夠而且應該實現的設想，設想要考慮有關當事人的長期合法利益，規劃包括實現上述設想的戰略安排，戰略安排要考慮所有相關的企業和環境因素。

建立強有力的實施體系。這一體系包括與各主要實力派之間的支持關係，這些實力派是實現戰略安排所需的。這些支持關係足以導致服從、合作。有必要的話，還可建立聯合組織。這種聯合組織包括一群熱情高漲的核心隊伍成員，一支擔負著把設想變成現實這一責任的核心隊伍。

還有一個問題必須要弄清楚，那就是：領導與管理的區別是什麼？約翰・科特指出，管理主要包括四個主要過程：

第一，計劃。計劃是以邏輯推論方法達到一些給定結果的有關學科。

第二，預算。預算是計劃過程的一部分，它與企業財務有關。

第三，組織。組織的意思是設計一個結構以完成計劃，為組織配備合格人員，明確個人的職責，在財務和事業上給他們提供適當的幫助，然後給這些人委派適當的有權威的領導者。

第四，控制。控制的內容包括：根據計劃不時地去找出偏差或問題，然後讓管理者解決這些問題。這一過程常常透過開總結會來進行。從計劃的財務安排來看，控制的意思是使用管理控制系統以及其他類似的東西。

透過領導與管理的定義，我們可以看出，管理與領導並不是相互排斥，而是相互補充與重疊的。

二者的差異有：計劃沒必要包括設想，反之亦然；預算不一定有戰略，戰略當然也不一定要有預算；

領導者擁有的正式組織，以及他所需要的協作關係網之間，可能有很大差異；人員控制過程和激勵過程，也可能有很大差異。從更為一般意義上講，管理不同於領導，因為管理更正規、更科學，並且也更為普通。這就是說，管理只不過是一套看得見的工具與技術，這些工具與技術建立在合理性和實驗的基礎上。

約翰・科特指出，一般說來，強力的管理會限制人的行動，假如缺乏領導，在這期間辦事效率會變得越來越差，獨到見解會越來越少，控制會越來越嚴；同樣的，強力的領導也會造成混亂，如果沒有管理去控制事態，實行實際監督，那就會發展成希特勒式的瘋狂。所以約翰・科特認為，在任何時候，管理和領導都缺一不可。

當今企業所需要的成功領導作用與「企業家活動」既相互有聯結，又相互有區別。兩者的相同點是，他們都需要承擔風險，與此相比，管理的目的則要盡力地消除風險。成功的領導者和傳統的企業家的區別在於：

建立規劃方面。成功的領導者考慮的是企業中全體成員和組織的正當利益，並為此提出設想，做好戰略安排。而傳統的企業家則只從自身利益出發，提出設想與戰略安排，即使這種做法對全體員工和整個企業不利也要這樣。

構建體系方面。成功的領導者一般構建一個實施體系，這一體系包括主要企業負責人、同級夥伴、下屬以及與企業有經濟利益的外部人士。而傳統的企業家則一般會構建一個牢固的、利益相關的體系，這體系包括下屬和親信人員，它的不利之處是往往忽略掉了一些重要的上級與同級夥伴的關係，不利於企業長期穩定的發展。

在普通人的眼裏，領導藝術和領導者往往都被蒙上一層神秘的面紗，好像領導者們是一群超然於世俗之外的人物，他們的諸多意識是建立在理性分析之上的。其實，領導者也是普普通通的人，只不過他們的工作性質要求他們必須有特殊的表現而已。

領導者的特殊性主要表現在以下幾個方面：

行業知識與企業知識。領導者要有廣泛的行業知識，包括市場、競爭、產品、技術，並且要廣泛瞭解各大公司的動態，如主要領導人及其成功原因、公司文化、歷史、制度。

在整個公司與行業中的人際關係。領導者需要在公司與行業中，建立一整套廣泛而穩固的人際關係，以適應自己工作開展的需要。

信譽與工作記錄。領導者在公司中要有很高的聲望，並能夠用自己的才能出色地完成工作，在工作記錄上有良好的表現。

能力和技能。領導者要思維敏捷，這主要表現為相當強的分析能力、良好的判斷力以及能從戰略上全局上考慮問題的能力等。另外還要有很強的人際交往能力，表現為能迅速建立起良好的工作關係、感情投入、有說服力及注重對人和人性的瞭解。

個人價值觀。領導者要非常正直，能以公平統一的標準評價所有的人和組織。

進取精神。領導者要有充沛的精力，有很強的動機，這種動機是建立在自信心基礎上的對權力和成就的強烈追求。

中低層管理工作中所需要的個人素質有：組織者需要瞭解公司的背景，瞭解這項工作對技術性要求以外的東西，也要建立起一些超出命令關係外的良好工作關係，還要有一些值得信賴的工作記錄與聲譽，以及最低限度的知識技能和人際交往能力；另外，組織者還得具備起碼的品行，能夠有一定的精力，領導動機要純潔。

對於這些個人素質是如何得來的，科特透過深入分析得出以下具體結果：

確實有若干素質是與生俱來的。它們是一些基本的智力水準和人際交往能力、身體的健康狀況、個人的精力、最低限度的智力水準。

個性和能力。毫無疑問是個性和能力個人在早年生活經歷中逐步形成的，如個人價值觀和進取心、技能和能力。

知識技能。沒有多少品格是由教育制度培養出來的，除了一些非常專業的知識技能。

適應環境。大部分的技能和知識是個人在工作過程中逐步形成的，也是為了適應環境的需要而形成的。

約翰．科特考察了企業領導不力的情況。他認為，企業中存在兩股制約領導作用的勢力。第一股勢力是短期經濟效益壓力。比如，在一個公司中，如果關係到完成季度指標的某一關鍵職位上的人突然要求辭職，而此時，公司還沒有培養出合適的接替人選，迫於形勢，只能迅速從公司其他部門抽調能頂替這人的最佳人選。其結果必然會造成讓一個沒有專業知識且業務不熟悉的人接任這一職位的現象。**第二股勢力是本位主義思想**。比如，公司的某個部門出現職位空缺，這對公司內各部門的下屬人員來說，都是一件千載難逢的好機會，但其結果往往是找不到一個可以填補這個空缺的人員。為什麼會出現這種情況呢？其原因大概有三條：一是其他部門有合適的人選，但其領導者卻不願意放人；二是職位空缺的部門領導者，已經在本部門內物色好接任者；三是這一部門領導者擔心其他部門的人會成為自己的對手，不願意接收。約翰‧科特認為，這兩股勢力決定公司管理者的素質有四種方式。

方式一：由於這兩種勢力的存在，管理人員在聘用人才時，喜歡挑選那些不需多少培訓、願意接受最低工資並且聽話的人員，而不願意耗費時間和資金尋求具有優良素質的人。而在這些人當中，很少有具備領導素質的候選人。作為領導人需要有敏捷的思維、良好的人際關係與正直的品行。而公司管理層中的大多數人是來自公司基層員工，他們缺乏領導者所必需的某些基本素質。

方式二：由於這兩種勢力的存在，使得公司各級領導者不願放走有才能的職員，於是那些耐性不足且目光短淺的年輕員工會認以為，直線提升方式便是惟一捷徑。由於管理者不願意接受橫向選拔的人才，因為那需要大量培訓，並且可能承擔選人不當的風險。這導致公司管理人員職位上升途徑逐漸變得垂直和狹窄。多數管理者由於視野狹窄，只瞭解工作過的部門中的其他人，並且也只相信他們的工作記錄。因此結果往往是，管理者無法設計與其領導相關的整體發展規劃，也無法得到部門間不同類型人才的合作。

方式三：由於這兩種勢力的存在，使得公司機構職能化、管理集中化，這有利於提高短期生產能力，然而卻阻礙了進一步的改革，因為企業主要管理者不願意讓權。隨著時間的推移，這種集權職能機構會變得越來越官僚，公司內的官僚作風隨處可見。這會導致善於管理、具有領導素質的人，在公司最初的十 二十年內，只能做些配合工作，卻無法得到更好的工作機會。

方式四：由於這兩種勢力的存在，使得公司為減輕面臨的各種壓力，迅速將真正能幹的人才安置到重要職位。但這些素質高的人才在處理各種事務時，也只是為了追求短期的個人名利。由於公司中高素質人才提升迅速，在各個職位上時間都很短，因而企業高級管理者不必為過去的經營失誤負責，並沒有從中吸取教訓。他們無法進行真正有效的判斷，也不可能形成那種有長期信譽的人際交往風格。而這種判斷力與風格是成功領導必不可少的特徵。由於這些人任職期短，離職後的工作記錄模棱兩可，因此這種模糊不清的工作記錄，無法為有效領導提供必要的可靠性。

我們可以看到，與領導不力形成對比的是，一些公司具有良好的領導環境，這種環境表現在五個方面。

良好的工作環境。良好的工作環境，一般指沒有「政治活動」、沒有暗地活動的同盟或組織之類的東西，人們能真正努力地相互幫助，相互促進。

提供各種挑戰機會。提供各種挑戰機會的方式有很多種，在很多公司中，權力分散是關鍵，權力分散是指在一個機構中下放責任。並且在此過程中，在機構的中低層次管理中形成更多有挑戰性的工作職位。有些公司還把公司劃分為眾多盡可能小的單位，或透過強調以新產品來帶動經濟增長，並最大限度地減少公司內的官僚作風和僵化的組織結構，儘量採用工作組這種方式。

複雜的人員補充工作。讓各級管理人員來做充實人員的工作，人事專家提供協調與行政支援，但不控制這個過程。公司更多地是把招聘目標，對準認為是未來公司領導人才良好來源的為數很少的幾家商學院。公司盡力保持人員聘用的高標準，注意招聘有領導素質的應聘者。當發現真正需要的某些人時，公司會想盡方法接近他們。

計劃培養。想具有某種領導才能，就應加強在這方面的培養，培養機會包括：任命新的職務，包括提升和橫向調動；正式培訓，包括參加企業內部培訓、政府組織的專家討論會或大學進修；任命為工作組或委員會成員；得到某位高級負責人的指導或幫助；參加其主要職責範圍以外的會議；從事專門的專案規劃工作；促進發展的專門職位，如總經理助理職位等。

領導素質的早期發現。一些公司採取措施讓高層管理人員看到公司中，年輕員工與基層人員的工作，然後由這些高層管理人員自己判斷哪些人是人才，以及這些人才需要什麼樣的發展。

那麼，怎樣才能有效地降低短期經濟壓力，避免本位主義呢？

第一，要發揮各級管理人員的作用。單靠一個培養領導者的人事計劃，或少數幾個人的良好意願是行不通的，只有各級組織的集體意志才能做到。管理人員要用更多的時間，在員工中尋找人才，找出人才培養的各種方法，並鼓勵下屬科學安排自身職業發展。

第二，要利用企業文化的作用。強有力的企業文化常有濃厚的集體主義色彩，並對促成企業長期興旺發達有重大意義，也促使人們有效地降低短期經濟壓力，避免本位主義。**一種強有力的企業文化，就是一股威力巨大的力量，在潛在的短期經濟壓力和本位主義能很容易變成控制企業行為的現實力量的環境中，要使各級管理人員集中於任何重要的企業目標，這種文化的力量是必需的。**

除此之外，在企業中，尤其是規模龐大的公司中，組織結構、制度與政策在塑造公司行為方面，也確實發揮著某種作用。一個高度集權的組織機構和一套非常呆板、僵化的制度，會使那些有才華的年輕員工失去很多機會；與之相反，一個相對分散的組織結構與通情達理的制度，卻能很容易地為眾人提供機會。

最後，約翰．科特還對管理工作、領導行為、管理人員職業生涯和進行全球業務管理作了總體的論述，並指出了競爭優勢的源泉所在。在二十世紀五六〇年代，有五個因素最突出：一是在一個不斷增長的市場中佔有很大的市場佔有率；二是在一個不斷增長的需求中的產品專利權；三是增長市場中高資本密集型產業下的巨大生產力；四是有利的政府專制；五是控制主要資源的供給。然而現在以及將來，這些競爭優勢源泉的作用會日益衰弱，其原因在於這些因素有的要麼很容易買到（如專利），要麼被競爭性強且富有的競爭的對手摧毀（如管制），另外，這些競爭性強且富有的競爭對手似乎逐年增加。

約翰・科特指出，一家公司花費很多時間和精力，形成一連串能建立起強有力管理隊伍的行為方式和計劃策略，就能進行成功的領導，也就會取得競爭優勢的最強有力的源泉。即使它面臨的是一個十分富有且規模龐大的競爭對手，假如對方沒有類似的要素，那麼這個對手至少也要花十年以上的時間，才能逐步建立起能支援這些行為方式的環境。但在這十年中，在競爭異常激烈的環境中，這個領導力量強大的公司就有機會打敗競爭對手，並且會迅速發展起來。

《亂中取勝》

湯姆・彼得斯：享譽世界的經營管理大師

品質上升會導致成本下降。改進品質是降低成本的主要途徑。

——彼得斯

彼得斯寫《亂中取勝》這本書時，世界正處於一種混亂的狀態中。國際市場處於初步形成階段，經濟一體化進程正在加快，經濟發展千頭萬緒，美國國內也處於混亂之中，這些，就是書中所說的「亂」。在本書中，彼得斯先提出了問題，然後針對這些問題開出處方，又一一對這些處方進行詳細的論述，這就是所謂的「取勝」。這些，都為管理者找到有效的管理途徑提供了幫助。在本書中，彼得斯再次強調了人的作用，指出如何提高白領的工作效率乃是今日面臨的新課題。

在該書前言中，彼得斯指出：處亂不敗、克敵致勝固然很好，但始終顯得有些被動；在當代社會中，隨著經濟的發展和經濟一體化的進程，企業經營者應當把混亂本身變為提供市場優勢的源泉，化險為利，為企業創造更廣闊的發展空間。

第一篇、為顛倒了的世界開處方

本篇包括兩章，第一章名為「正視革命的必要性」，第二章名為「利用處方：主動式管理的要點」。前一章可以說是提出問題，後一章則是提供了解決問題的直接途徑和方法。

在第一章中，彼得斯一針見血地指出：美國經濟的衰落正在加快。這不僅表現在製造業出口困難上，而且，服務業也正在走下坡路。雖然，美國經濟發展的前途是光明的，但在目前來看，仍然存在著很多困難。並且，整個世界進入了一個空前變幻莫測的年代，這就使得美國的企業雪上加霜。在環境充滿了不確定性、不可預見性的情況下，美國人早先的假設與想法錯了；彼得斯嘲諷了美國人的好大喜功，抨擊了美國人輕視勞動者的作用的傳統。在進行一連串的批評後，彼得斯認為，二十世紀九〇年代乃至以後，成功的企業應是這樣的：

一、要有強烈的品質意識
二、要保證服務的品質
三、反應要更加敏捷，以適應瞬息萬變的社會
四、要使組織機構向扁平化（組織機構的層次較少）方向發展

五、在組織內部設置有更多自主權的單位（總部人員，即放馬後炮的人要少，給下面以推出產品、為產品定價為主要工作的人更多自由選擇）

六、生產出更多的具有特色的產品，產品和服務要具有高附加值的特點，創造小型但穩定的優勢市場

七、加快創新的步伐

八、使用訓練有素、機動靈活的人員，作為增加價值的主要手段

在解決問題的第二章，彼得斯對怎樣使用自己開列的各種管理方法開出了處方。四十五個處方必須被視為一個統一的、密不可分的整體，彼此聯結著使用，而不能單獨用其中個別處方。使用者必須具有變革的熱情，能馬上將這些處方投入到實際之中，掀起革命的浪潮，以求得亂中取勝。

隨後的五篇共分為四十五章，對這四十五個處方分別作了詳細的介紹。

第二篇、全面回應顧客需求

在這一篇裏，彼得斯突出強調了市場的導向作用。彼得斯認為，在當今社會，只有如下的人才能生存下去：這種人在心裏真正認識到顧客的重要性且能以實際行動為顧客提供優質服務，同時，這種

人還能為迅速增長的新產品和成熟產品積極開闢新市場。

第二章到第六章的各條處方，是為了達到第一章中所指的完成超常目標所需的五項基本增值戰略。這些戰略具體內容如下：第二章談的是為顧客提供他們心目中的超常品質的產品；第三章是提供特優服務，並且指出了產品或服務的無形屬性；第四章談的是透過與用戶建立電子或其他形式的密切聯繫，進而獲得不同凡響的反應能力；第五章主張，不管公司的規模多大，市場的成熟程度如何，管理者都要學會利用國際市場所提供的機會；第六章講業務單位或組織要在每一個人的心中確立該企業或組織清晰的獨特形象，這些人包括顧客、銷售商、供應商和員工。

五項基本的增值戰略依次由四個能力板塊所支援。首先，第七章是組織中的每個成員和每一職能部門，普遍熱衷於傾聽用戶意見。下面的兩個板塊描繪了被忽視的職能部門，並修訂了它們的作用——英雄般的作用：第八章要求把生產從「將被最優化的成本中心」轉變成一種主要銷售工具；第九章建議把銷售和服務職能上升到具有支配性的重要位置，並大大抬高這些職能部門人員的地位。第四個能力板塊——不斷快速創新——則是第三篇中第一條至第十條處方所討論的主題。

對顧客做出反應的那些處方，綜合起來可導致企業生活中的一場革命——公司中每個人都變得非常外向，對那些在過去被視作異想天開的東西做出反應，實行不同一般的靈活性。第十章總結了對這種革命的「感受」。

第三篇、追求快節奏的創新

撇開非本質的東西來說，創新（它不僅指新產品的開發，也包括人事和會計方面的創新；不僅指工業界，也包括學校和政府部門的創新）可以被認為是一種數量的角逐。所以，該篇的指導前提即第一章的內容是：把精力和資源投向那些以實用為目標的眾多的（創新）小開端。

對於如何使成功機會很小的開端，透過努力變為成功的創新，彼得斯在這裏提出四種戰略：第二章提出，要建立以小組為基礎的產品開發，它適用於所有關鍵的職能部門（以及關鍵的組織和外部人員，如供應商、經銷商和消費者等）；第三章提出，要鼓勵迅速和實際的現場試驗（示範），而不是忙於撰寫一般資料作基礎的長篇建議書；第四章提出，要能夠「創造性地偷取」（或者說改造）來自其他任何人和任何地方（包括來自競爭對手）的思想；第五章提出，透過口傳資訊，有系統地進行市場行銷「運動」，並透過這種方式出售新產品或新服務。

接下去，談的是鼓勵創新的四種主要的「管理策略」：第六章談到鼓勵堅持不懈的創新迷，這種鼓勵可以使創新活動在希望渺茫、屢遭挫折的情況下，繼續堅持進行；第七章談「管理」好自己的日常事務，以便有意識地扶植創新的努力（稱之為「樹立創新的榜樣」）；第八章講的是，支持有創見的失敗嘗試（可以從中學到經驗，得到鍛鍊），抵制那些阻礙快速創新的死板的規章制度；第九章談的是透過考核和獎勵制度，「要求」員工進行創新。這些制度對傳統認為是「軟性」的因素規定了「硬性」的數字指標。

最後，在第十章中，彼得斯簡單介紹了最大限度地強化總體創新能力的、具體新型應用性的公司。

值得注意的是，儘管這些處方在書中是分開論述的，但如果想讓它們真正的產生作用，還需將這十個處方聯繫起來使用，使他們成為一個相互聯繫的整體。

第四篇、透過授權，使員工獲得靈活性

在本篇中，彼得斯也開出了十個處方，其中，前兩個處方是其他處方的基本前提：在第一章中，彼得斯大膽地斷言，即使是普通人，只要完全參與進來，他也能做出使人意想不到的成就。在第二章中，彼得斯進一步補充說明，如果人們以人人平等的群體方式聚集在一起——也就是形成小組，或更準確地說，形成自我管理小組的話，上述能力可以以最有效的方式發揮出來。

隨後的五個處方，亦即「五根支柱」，是使每個人都充分參與決策所必需的條件：第三章講的

是必須創造一種氣氛，其特點是每個人都有無數機會（包括正式的和非正式的）讓大家聽到自己的聲音——而且，個人任何微小的成就都會得到承認；第四章，第一線基層單位實質性地參與人員的招聘工作，並且要公開、明確地強調，錄取人員的標準有兩條，首先要看這人的價值準則是否一致，其次還要看此人的素質如何（包括個人的工作能力，在組織中與人協作的能力）；第五章，高度重視培訓和再培訓——目的在於永遠不斷地更新知識和技能，以適應快速發展的社會的需要；第六章，獎勵要與貢獻和業績搭配，並且獎勵要儘量合理，不能太重或太輕；第七章，對於處於一線的工人，要提供某種形式的就業保障，以激發其工作的積極性，當然，這樣做的前提是個人的工作表現必須達到基本的要求。

要想使這五根支柱幫助人們達到第一章和第二章提出的目標，首先要將以下三個障礙解除掉。第八章，透過減少管理層次來簡化組織結構，並將處於第一線的工長或領班全部解除掉，達到精兵簡政的目的，正如有的企業已經實施的那樣；第九章，將中層經理人員的作用，從職能部門「封地」的「員警」和監護者轉變成職能部門之間壁壘的破除者，以使各部門之間能夠有效的溝通，並且使第一線獲得真正的自主權，能夠根據實際情況迅速採取行動；第十章，消除愚蠢而繁重的官僚制度，以及那些更糟的、侮辱性的規章制度，並且要改變使人氣餒的工作條件。

第五篇、學會熱愛變革：各級領導者的一個新概念

第一章，講變革的「指導性前提」，隨後三個處方是確立方向的三項領導工具：在第二章中，彼得斯指出要發展並宣傳這樣一種遠大的目標——它既能為你指明前進的方向，同時又能鼓勵組織中的每個人發揮主觀能動性，進一步完善和深化這一目標所表現出來的對舊理論的挑戰；第三章，透過你的日程安排（比如說，你一般會把時間花在什麼地方，不花在什麼地方）來顯示你對這種遠大目標的重視，進而引起大家對此的興趣，這是使大家對這種目標建立信任感，以及逐漸解除人們心頭的不確定感的惟一有效的工具；第四章，實行看得見的管理，其目的是宣傳這一資訊，並且增強領導者對真正重要的一線工人的理解——組織中的實際工作，都是在那裏完成的。

主要挑戰是授權給人們（每個人都包括在內）去發揮首創精神，即敢冒風險（在他們看來是風險），在日常工作中，這樣做的目的是改進並最終徹底改變公司的每一條陳規戒律。當然，在第四篇中，彼得斯已對這一點做了詳細的論述。但是，還有四點關於有效地實施領導的處方（透過將權力授予員工的方式來實施領導）。第五章，提出領導者要成為一名善於傾聽的人，既然要聽（尤其是聽第一線人員的呼聲），就要明確表現出「我會認真聽取你們的意見」的態度。第六章，論述了怎樣愛

護處於生產第一線的人員，關於這一點，可以從工資級別、邀請他們參加職能部門人員會議等許多方面都能表現出來。第七章，透過真正放「權」的方式授權（而不是只在嘴上說說，實際中並不採取行動）。第八章，大張旗鼓地打擊官僚主義，使企業中的組織結構更合理更科學。

最後的兩個處方，要求領導者能夠按照新的重點立即做起來。第九章，提出要用簡單的、但卻是富於創新精神的問題，如「最近你做了哪些改革」，來對領導者的業績做出評價。第十章，建議領導人在每次行動上都要表現出變革的精神，以便在整個公司內創造出壓倒一切的緊迫感，使每個人都能高度緊張起來。

如同前面各篇一樣，雖然有關領導者的各條處方都是分開論述的，但是在實際應用中，應把它們視作一個整體。雖然不能「一下子把每件事都做好」，但是，也沒有一條處方能單獨地產生什麼作用。

為這個顛倒的世界建立各種系統，在當今社會，系統成了一個時髦的話題，一個國家是一個系統，人類世界是一個大系統，一個企業是一個系統，企業中的一個部門是一個小系統。人們在體驗系統帶來的便利的同時，也感受到了系統所造成的危害，因此，系統問題現在比以往任何時候都顯得更為重要。首先，如果在第一篇和第二篇中所提出的各個處方中，闡明的市場邏輯都站得住腳的話，那麼，人們所做的只是在衡量和考核那些不該考核的東西。其次，人們的系統正為人們慣常設想的那樣，把資訊的管道弄得很窄，結果限制了自己行動的能力。所以，有關系統的處方和領導的處方一樣，目的既是為了加強控制（把注意力引導到適當的戰略，並對此進行認真的考慮），又是為了解除控制（給予每一個人自主行動的權力）。

作為「指導性前提」的處方，本篇第一章指出，考核得少一些可以考核得好一些，即簡化制度和系統（在某些情況下，用大圖表代替電腦列印的材料），但要確保考核的是「應該考核的東西」——如要考核產品的品質，企業的創新情況，靈活性甚至包括反對官僚主義的成效等這類「軟」指標。

重新認識系統的控制和授權手段，是下面兩條處方（它們有助於增強行動能力）研究的主題：第二章，修改工作業績的考評辦法，目標管理辦法以及職務責任制，主要是對之加以簡化（職位職務責任說明，則可以徹底取消）和修正方向以突出真正重要的方面；第三章，廣泛分享資訊、權力和參與式戰略規劃。

在一個動盪不定的世界中，要想使用「粘接劑」把一個公司的內部成員聯結在一起，並為鼓勵人們經常進行試驗提供必要的穩定性，這種「粘接劑」就是相互信任，因此，各種系統要做好工作，幫助人們建立這種信任感。最後兩個處方提出了「透過系統來建立相互信任」這個中心議題：在第四章中，彼得斯列舉出了建立穩健保守的財務和非財務目標的例證；在第五章中，彼得斯則強調，要保持完全誠實正直的態度。

《董事》

鮑勃・特里克：董事與董事會理論巨匠

外部董事如果對公司業務不夠瞭解就會毫無用處，而內部董事又會因為對公司情況知道得太多而缺乏獨立性。

——特里克

鮑勃·特里克（Bob Tricker），生於一九四〇年，英國著名管理學家，受聘於英格蘭、澳大利亞和香港地區的多所大學，經常在世界各地奔波。他曾出版過幾本有關公司管理方面的著述，並且任《公司管理》（一份國際評論）的編輯。他將董事及董事會的工作作為主要的研究課題，並透過由他主持建立的設在牛津諾菲爾德學院的公司政策小組來進行攻關，取得了引人注目的成就。

特里克在董事的職責、作用，董事會的構成及董事面臨的挑戰方面有自己獨到的見解，這些觀點對每家公司、企業的董事、經理及眾多股東都具有很大的參考價值。他對董事會、經理革命及企業制度的研究，深刻地影響了經理層與管理學界對經理、董事等方面問題的認識。特里克的重要貢獻在於對董事與董事會專題的研究。

鮑勃·特里克的主要作品有：《董事》、《經理革命》等。

近年來，隨著經濟的發展和公司隊伍的不斷壯大，上市公司越來越多，董事的工作也受到了極大的關注。經理負責處理公司的各項事務，而董事的重要性則在於正確把握公司的發展方向，確保公司更好地運轉。

在《董事》一書中，特里克簡要介紹了董事的工作內容、作用、董事會的構成、董事會的類型及董事所面臨的挑戰，這些知識，對每家公司、企業的董事、經理及眾多股東都具有極大的參考價值。

董事會的工作內容

傳統觀念認為，董事的職責是為公司制定戰略方向，這就是董事之所以被稱為董事的原因。在本書中，作者將董事的工作內容分為以下幾部分：

董事會可改變公司的處境

在特里克看來，在某些情況下，董事會的工作涉及公司的日常經營、戰略制定、計劃批准、資源分配、控制公司的運作並檢查這一運作結果。而在另外一些情況下，董事會的工作只不過是任命總經理、走場式的批准公司管理層提交的計劃。這大多取決於董事會對公司的控制能力及董事會的組成和類型。總之，董事會的工作可以改變公司所面臨的處境。

董事必須著眼於公司的外部環境和內部事務

作為董事，他需要關注公司近期的業務表現以及中長期的發展，制定戰略時要著眼於公司的戰略環境，放眼於公司未來的發展方向。但是，戰略需要被轉化為政策來指導公司的高層管理人員。同時，董事會要監督並檢查經理們的活動，並向股東及其他不動產所有人提交反應公司活動及經營狀況的報告。**董事會工作的核心是確保公司擁有正確的領導，董事會要任命和監督首席執行官（CEO），在必要時，還要對其進行撤換。此外，董事們還必須決定授予總經理和公司高層管理人員的權力範圍，他們自己保留多少權利。董事會的責任也表現在注意公司的外部環境和內部事務兩個方面，並發揮監督執行作用和決策作用。**

公司法並沒有將董事區分為不同的類型。從傳統意義上來看，所有董事的責任是相同的，不論是執行董事還是非執行董事，也不論是在公司有著既得利益的董事還是完全獨立的外聘董事。不論是單個的董事還是董事的群體，都有責任和義務保證公司管理得當，遵紀守法，符合股東的利益。近年來，執行董事的責任和非執行董事的責任變得有所不同。雖然董事的類型不同，但是，他們都能夠為董事會盡一份力量，做出自己的貢獻。

一、**在決策作用上**

董事會為公司的未來發展制定戰略和政策，確定公司的發展方向，為公司的經營管理作貢獻。

二、**在監督執行方面的作用**

董事會監督公司管理層，確保公司的經營與先前制定的政策、程序、計劃相一致，達到所要求的經營標準，顯示其在公司管理活動中的管理責任。

實際上，多數董事發揮的作用不止一種，並且他們的作用會隨著時間和董事會事務的改變而改變。這是因為，在董事會中存在著潛在的衝突，使得任何一個董事都不可能發揮所有的作用。

董事的責任

特里克認為，董事的主要責任是對股東而言的。在幾乎所有的公司法體系中，行為正直、勤奮、有技能和關心公司事務是對董事職責的基本認識。董事的基本職責是忠實地為所有的股東履行義務，對於與股東利益相關的事情，平等地為其提供充足的、準確的資訊。在處理公司事務時不能計較個人的得失，並且絕對不能從公司生意中暗中漁利，如有可能，則必須事先向董事會聲明。董事以其擁有的特權獲取一些敏感的價格資訊，以此為基礎，將自己所擁有的本公司股票進行內部交易，這顯然是違法的，是一種犯罪行為。

根據法律規定，董事進一步承擔的責任是關心公司事務、勤奮地為公司工作、擁有一定的工作技巧。擁有專業資歷的董事一般是其所在行業的專家。在現在的公司中，董事會是全面決策的實體，董事們承擔著公司所有行為的最終責任。現在，在世界所有的公司中，對董事的從業標準的要求高於幾年前，而且，這個要求還在不斷的提高。

董事會的構成

特里克也對董事的構成進行了分析。他認為，董事會很少出現在公司的組織結構圖中，但它卻是最終的決策實體。公司管理結構不是一個純粹的金字塔，而是一個典型的等級社會，組織內部有著嚴格的等級責任，進而使得上情下達、下情上達成為可能。與此相反，董事會不是一個等級社會，每個成員都有相同的職責和分工，他們平等地開展工作，組織討論，最後達成一致意見，必要時可以透過投票表決的方式決定一些重大的事情。

董事會構成的選擇

董事會的構成是董事會活動的基礎，董事會內部成員的能力、品格、社會關係是董事會活動能力的基礎。董事會的風格（也就是董事會的程序）、權力和政策決定其辦事效率。董事會的構成將公司中擁有管理職位的董事和那些無職位的董事區別開來（在公司管理層任職的是執行董事，無職位的是非執行董事和外部董事）。一般說來，董事會構成的選擇有以下四種：

一、全部為執行董事的董事會

在這種董事會中，每位董事都是公司的管理人員，許多初創公司和家族公司都是此種結構。公司的創立者、家族成員既是公司的員工又是公司的董事。實際上，這就使得在公司高層管理層中，不用吸納外部成員。

二、多數為執行董事的董事會

在私營公司的發展中，執行董事們感到有必要吸納一些擁有其他方面專業知識和技能的人補充進來。這樣做，主要考慮兩方面的原因：一方面，在公司購股、融資或維持同公司供應商和顧客的關係時，需要任命一些有此方面經驗的非執行董事，以便更好地開展公司的業務。另一方面的原因是，家族公司的股份為家族成員分別持有時，也需要任命一些非執行董事。非執行董事與執行董事之間在某種程度上能相互監督檢查。

三、非執行董事占多數的董事會

在這種董事會中，非執行董事或者說公司外部董事的數量，大大超過內部執行董事。

四、雙層董事會

在雙層董事會中，監事會成員全都不在公司最高管理層任職。這種董事會的目的是，公司的決策可以反應公司各個階層人員的利益，在公司內部實行民主化管理，提高員工的工作積極性。

董事的數量

在董事會中，董事數量的多少對董事會的效率影響很大。成員太多會議太頻繁，會使董事會的行動繁瑣冗長，其結果不但不能提高辦事效率，反而容易出現分歧，影響共同意志的形成。但成員太少又難以有解決公司重大事物的充分的知識、能力和經驗結構。董事會成員的多少主要是由公司的章程決定的，而章程的修改是股東大會的特權。近些年來，大公司都以集團方式經營，有些公司在合資公司或戰略聯盟中任執行董事，他們顯然要平衡各方面的利益，使集團中的每個部分都能夠均衡發展。

董事會的類型

董事會的組成風格是多種多樣的，董事們一方面考慮的是董事會內的人際關係問題，另一方面要考慮到董事會的工作問題。根據這一標準，董事會的類型主要可分為以下四種：

奉命型

這種董事會中的董事們既不需要對工作考慮得太多，也很少在意董事會內的人際關係，因而董事會議只是流於形式，不會對公司事物產生實質性的影響。造成這種情況的原因大體上有如下兩條：一是公司由一個人主宰，重大決策由他一個人拍板定案，其他人無需過問；另一個原因是，公司主要人物接觸頻繁，決策已經在董事會議前得到了解決。

鄉村俱樂部型

這種董事會中的董事很注重董事會內的人際關係，即使影響公司事物的重大問題已在董事會以前著重強調，它也不會成為董事會議上最重要的事情。公司的董事會議可能有很多繁文縟節，需要經過好幾道程序。長期形成的傳統備受推崇，相反的，革新往往會遭到抵制。

代表型

與鄉村俱樂部型董事會相反，這種董事會注重公司任務勝於注重董事會內部的人際關係，董事們常常代表著不同的股東。它更像一個由不同的利益實體組成的議會，討論往往是針鋒相對的，並且極易政治化。在這裏，要特別注意權力基礎和權力平衡。

職業型

這種董事們要兼顧任務與人際關係。成功的職業型董事會有一個董事長作為領導核心，董事會成員在相互理解和尊重的基礎上十分投入地討論問題。

社團法人管理理論

所謂的社團法人管理，是指公司運用權利的方法。所有的公司都需要控制與管理。管理機構的組成與機制，尤其是股份有限公司中董事會的構成與運作機制，是社團法人管理的核心。在有關社團法人管理方面，特里克認為主要有五種理論：

管理理論

公司法的基礎是，公司董事負有受託人的責任，該種思想的內涵是相信能給董事委以重任。管理理論是這種思想在社團法人管理上的具體反映。公司的權力透過董事加以運用，董事由股東大會提名任命，而他們作為掌管公司資源的管理者則要對公司股東負責。

組織理論

它對社團法人管理中管理層次的關心很少。理論上，多數研究機構承認，總經理職位是公司組織機構的巔峰。而在實際中，很少有董事位於公司組織結構圖的頂端。

不動產保有人理論

該理論出現在二十世紀七〇年代，這種理論反映了人們對大公司，尤其是跨國公司規模過大，影響過甚，以至於不能使董事透過傳統的服務生產方式承擔責任的擔憂。該理論認為，董事實際上已經成為不動產保有人。

代理理論

這一理論是在二十世紀八〇年代被提出的。該理論認為：人是利己主義者而非利他主義者，人不可能為了他人的利益而對其委以重任並讓他發揮重要的作用。代理理論將董事和股東間的關係看作是合約關係。由於董事為自己的利益進行決策，所以，公司有必要設立監督檢查及平衡機制，有必要設立外部董事和董事會審計委員會以維護股東的利益。

公司理論

公司理論實際上是由代理理論和經濟學中的交易成本理論構成。傳統理論認為，股東有權決定董事成員的任免和公司的發展方向，特里克指出，這個理論是有缺陷的。因為，在現代社會中，股權越來越分散化：股東人數越來越多，並且，股東在地理分佈上越來越廣。所以，即使機構投資者的實力很大或股東利益集團形成，也很難改變權力越來越多的被掌握在董事會手中的傾向。股東的最終權力，即對董事會的影響充其量是提名和任命董事會成員。

董事面臨的挑戰

在本書的最後，特里克對董事所面臨的挑戰進行了分析。他認為，董事所面臨的挑戰主要有以下幾種：

公司的法律和條例

隨著世界法制體系的健全，各國的公司法、破產法、壟斷法、兼併管理法、雇傭法等都對董事的責任產生了進一步的約束作用。對於上市公司來說，因為它的股票在股市上交易，董事的責任因此也要受到證券法、投資保護法及特定的股市規則所制約。

公司的事務需要對外公開

世界上的立法者都傾向於要求增加規範公司行為的法律，要求公司的事務要對外界公開。這顯然增加了董事管理的難度。

管理方法遭到訴訟

董事管理公司的方法不斷地被提上法庭。為此，股東和其他方面人士都感到非常遺憾。

董事的報酬

近些年來，董事的報酬越來越高，人們對此表示強烈的不滿。研究顯示，銷售量的增長返還給股東的那部分利潤很少，而董事收入的增長速度卻在明顯的加快。

《第五項修煉——學習型組織的藝術與任務》

彼得・聖吉：學習型組織之父

人的改變是從內心開始的，內在沒改變，外在的改變是不可能的，即使能改變，也是不可持續的。

——聖吉

彼得・聖吉（Peter Senge），是學習型組織領域的先鋒，一九四七年出生於芝加哥。一九七〇年，聖吉在史丹佛大學獲航空及太空工程學士學位，之後進入麻省理工學院斯隆管理學院攻讀博士學位，研究系統動力學整體動態搭配的管理理念。一九七八年，獲博士學位後，聖吉留在麻省理工大學斯隆管理學院擔任高級講師。

作為國際組織學習協會（SOL）的創始人和主席，聖吉致力於將系統動力學與組織學習、創造原理、認知科學、群體深度對話與模擬演練遊戲融合，以發展出「學習型組織」理論。

聖吉被美國《商業週刊》推崇為當代最傑出的管理大師之一，他所提出的學習型組織被譽為「二十一世紀的金礦」。

聖吉的主要著作有《第五項修煉——學習型組織的藝術與任務》和《變革之舞——學習型組織持續發展面臨的挑戰》。

《第五項修煉——學習型組織的藝術與任務》一書，於一九九二年榮獲世界企業學會最高榮譽的開拓者獎，被譽為「朝向二十一世紀的管理聖經」。本書宣導組織學習，並總結出在自我超越、改善心智模式、建立共同願景、團隊學習四項修煉基礎上的第五項修煉——系統思考，使企業建立學習型組織有章可循。本書是有關組織變革具有獨創性、新穎性的一部著作，每一篇的任何一個觀念，都會促使你對過去的認識進行重新思考。

組織學習的障礙

聖吉認為，在一個複雜多變的社會裏，學習能力至關重要，未來最成功的公司，將是那些建立在學習型組織基礎之上的公司，正像德格所說的**「惟一持久的競爭優勢，是具備比你的競爭對手更高的學習能力」。所謂的學習型組織，就是一個具有持續創新能力、能不斷創造未來的組織**。在這種組織裏，你不可能不學習，學習已經完全成了生活不可分割的一部分。要建構學習型組織，必須首先認清組織學習的障礙並加以克服。聖吉認為，組織學習的障礙有下列七項：

局限思考

由於受到專業分工的影響，組織成員只關注自己的工作內容，而對與自己的工作有關的別的工作不管不問。現代組織功能導向的設計，將組織依功能切割分工，加深了組織學習的障礙。

歸罪於外

當任務無法完成時，組織成員常歸咎於外在原因，而不先檢討自己。這實際是局限思考的副產品，是以片面的方式來看外在的世界。由於組織成員只專注在自己的職務上，他們看不見自身行動的影響到底怎樣延伸到職務範圍以外。當有些行動回過頭來傷害到自己時，他們還認為這些問題是由外部引起的。

缺乏主動積極的整體思考

組織的領導者常常認為，對危機提出解決方案是自己的責任，而忽略與其他成員共同商討，這就使得組織成員缺乏主動積極的解決問題的精神。積極行動，除了有正面的想法外，還必須以整體思考的方式深思熟慮，並要考慮到自己的構想可能會造成的後果。

專注於個別事件

當組織產生問題時，大家通常只專注於事件或問題本身，而忽略這些事件或問題的形成需要有一個緩慢、漸進、無法察覺的過程。人們專注於某一事件，最多只能以預測的方式提出解決方案，卻無法學會如何以更有創意的方式來解決問題。

不夠敏感

組織成員應保持高度的覺察能力，並且重視那些造成組織危機的關鍵因素。

從經驗中學習的錯覺

最強有力的學習出自經驗，但是，從經驗中學習要受到時空的限制，這就使得人們從經驗中學習變得很困難。組織中許多重要決定的結果，往往需要在許多年後才會出現。因此，組織成員實際上無法從自己直接的工作經驗中學習。

管理團隊的迷思

一般認為，要克服上述組織的障礙，應該組建一支由不同部門的富有智慧和專業才能的人組成的管理團隊。但實際上，他們常把時間花在爭權奪利上，有時為了維持團體凝聚力的表像，團體成員會抨擊不同意見的成員。久而久之，團隊成員就不願提出意見，組織就會喪失了學習的能力。

五項修煉

要建立學習型組織，運用五項修煉是治療學習智障的良方，這五項修煉實際上是改善個人與組織的思維模式，使組織朝向學習型組織邁進的五項技術。作為一個整體，它們是相互作用、相輔相成的。它們包括：

自我超越

自我超越的修煉是學習型組織的精神基礎，它是學習不斷看清並加深個人的真正願望，集中精力，培養耐心，並客觀地觀察現實，能夠不斷實現內心深處最想實現的願望。

具有高度自我超越的人，能不斷擴展他們創造生命中真正所嚮往的能力，以個人追求為起點，形成學習組織的精神。

聖吉概括了這樣一個思想成長過程：開發自我去面對不斷進步的世界——依創造性的而非反映性的觀點生活。這包括不斷學習以便更清晰地看清當前局勢與現實的鴻溝，並產生學習的壓力，這是一種真正的終身學習。彼得・聖吉認為，要想不斷熟悉和擴大自我超越的能力，必須按照以下原理進行修煉。

一、建立個人願景

什麼是願景？願景是指願望、理想、遠景和目標。**個人願景，就是個人內心真正關心的事情，一種期望的未來景象或意象。**願景是內在的而不是相對的，他是你渴望得到某種事情的內在價值。如果說一個人對未來所持有的「上層目標」是抽象的，那麼個人願景則是具體的。

二、保持創造性張力

所謂創造性張力是指解決願景與現實之間差距的創造力，願景與現實的差距，可能成為一種力量。這種力量一旦被正確使用，就會將你向願景推動。此種差距是創造力的來源，因而被聖吉看作是「創造性張力」。彼得・聖吉指出「創造性張力是自我超越的核心原理，它整合了這項修煉所有的要素。」

三、看清結構性衝突

意識清醒的人時常感覺到自己正被兩種不同方向的力量所控制：一種力量將你拉向你的願景；另外一種力量將你拉向相反的方向。這時就要我們也全神貫注去克服達成目標過程中所有形式的阻力，每一位成功的人都有過人的意志力，他們把這種特性看作與成功同義。他們願意付出任何代價以克服阻力，達到目標。

四、誠實地面對真相

誠實地面對真相的關鍵，在於克服那些掩蓋真實狀況的障礙。我們曾覺察到的結構囚禁著我們，一旦我們看得見它們，它們就不再能夠像以前那樣囚禁我們。我們開始感到內心裏生出一種力量，把自己從那種支配自己行為的神秘力量中解放出來，這對個人和組織都是如此。

五、運用潛意識

意識和潛意識是個體學習過程中經常運用的兩種意識形式。任何新的工作，當一開始時，整個活動都需要在高度清醒的意識指揮下才能完成，而當熟練後，在潛意識的指揮下就可以很好地完成工作。所以，培養潛意識是重要的，培養潛意識最重要的就是他必須切合內心真正想要的結果。越是發自內心深處的良知和價值觀，越容易與潛意識深深結合，或有時是潛意識的一部分。

改善心智模式

在管理的過程當中，許多好的構想往往沒有機會付諸實施，而許多具體而細微的見解也常常無法運作。即使有過小規模的嘗試，並取得了一些成果，但始終無法全面地將此成果繼續推展。

為什麼會這樣呢？這不是根源於企圖心太弱、意志力不夠堅強、缺乏系統思考，而是來自「心智模式」。具體地說，新的想法無法付諸實施，常是因為它和人們對於周圍世界如何運作的看法和行為相抵觸。因此，學習如何將我們的心智模式打開，並加以檢視和改善，有助於改變我們心中，對於周圍世界如何運作的既有認知。這對於建立學習型組織來說，是一項重大的突破。

那麼，什麼心智模式？

所謂的「心智模式」，是認識心理學上的概念，指那些深深固結於人們心中，影響人們認識周圍世界，以及採取行動的許多假設、成見和印象，是思想的定式反映，是人們思想方法、思維習慣、思維風格和心理素質的反映，心智模式的形成受人們所經歷的環境、人的性格，人的智商、情商和逆境

商的影響，並要經歷漫長的過程。心智模式影響人們的思想和對周圍事物的看法，也影響著人們的學習和生活方式。心智模式是一種思維定勢，不同的心智模式，導致不同的行為方式。當我們的心智模式與認知事物發展情況相符，就能有效地指導行動；反之，就會使自己好的構想無法實現。但是，人無完人，每個人的心智模式都存在一定的缺陷，它是一種客觀存在，不容置疑。很多人不願意承認自己的心智模式存在缺陷，更不能自覺地去進行改善心智模式的修煉。心智模式一旦形成，就非常難以改變。所以，心智模式的修煉，無論對個人或是對組織來說，都是最艱難的修煉，必須具備鍥而不捨的精神。

雖然五項修煉相互聯結，相互作用，相輔相成，可以融會貫通，但在五項修煉中，心智模式的修煉是最實際的修煉，是各項修煉的基礎。

心智模式的修煉，是自我超越和共同願景的基石。我們要在組織中形成共同的價值觀，而共同的價值觀的形成，又來源於每個人對客觀事物的正確認識。心智模式左右著對客觀事物的正確認識，如果心智模式沒有改善，面對同樣的客觀現實，就可能產生出不同的看法，就可能使自我超越的修煉偏離正確的方向，使組織內難以形成共同的價值取向。

心智模式的修煉，是系統思考的保障。系統思考如果沒有心智模式這項修煉，它的力量將大為減損。心智模式無從改變，系統思考也無從發揮作用。由此可見，**心智模式的修煉是我們創建學習型組織的一個重要的基礎性問題，它對於個人而言，是一個重新創造人生的修煉；對於組織而言，是一個**

重塑管理思想的修煉，應當引起我們的充分重視。

對於我們來講，怎樣才能改善心智模式呢？

改善心智模式，就要審視自己的心智模式，否定、拋棄舊有的心智模式。這要求企業領導者和員工，要用新的眼光看世界。改善心智模式的修煉，主要應做到的是對自己心智模式的反思和對他人心智模式的探詢。

建立共同願景

所謂共同願景，簡單地說，就是「我們想要創造什麼」，是組織中所有個人願景的整合，是能成為員工心中願望的遠景，它遍及組織所有的活動中，而使不同的活動融合起來。

共同願景不是一個想法，它是在人們心中一股令人深受感召的力量。剛開始時可能只是一個想法，然而一旦發展成能夠感召一群人的支柱時，就不再是個抽象的東西，人們開始把它看成是具體存在的。

在人類群體活動中，很少活動能像共同願景這樣激發出強大的力量。它是個人、團隊、組織學習和行動的座標，對學習型組織至關重要，能為學習聚集能量。只有當人們致力於實現共同的理想、願望和共同的願景時，才會產生自覺的創造性學習。

一、鼓勵個人願景

共同願景是由個人願景匯聚而成的，個人願景通常包括對家庭、組織、社區、甚至對全世界的關注。**真正的願景必須根植於個人的價值觀、關切與熱望中。**因此，共同願景真誠的關注是根植於個人願景中的。

有意建立共同願景的組織，必須鼓勵成員持續不斷地發展自己的個人願景。原本各自擁有強烈目標感的人結合起來，可以創造強大的績效，朝向個人及團體真正想要的目標邁進。如果人們沒有自己的願景，他們所能做的僅僅是附和別人的願景，決不是發自內心的意願。

二、創造共同願景

當一群人都能分享組織的某個願景時，每個人都有一個最完整的組織圖像，每個人都分擔整體的責任，不只對自己那一小部分負責。

每個人都有獨自觀看大願景的角度，所以，每個人所持有的整體願景是不同的。當有很多人分享共同願景時，願景本身雖不會發生改變，但是願景的形象卻變得更加生動、更加真實、更加具體，因而人們能夠真正在心中想到它。從此他們擁有夥伴，擁有「共同創造者」，願景不再單獨落在個人的肩上。在人們尚未孕育個人願景時，他可能會說那是「我的願景」，但是當共同願景形成之時，就變成既是「我的」也是「我們的」願景。

三、願景不源於高層

官方願景並非是從個人願景中建立起來的，它很少在每一個階層內進行探詢與檢驗。因此，無法使人們瞭解與感到共同擁有這個願景，有時，它甚至無法在建立它的高階管理團體中鼓起一絲熱情。這並不是說願景不能從高層發散出來，分享願景的過程，遠比願景源自何處更重要。除非共同願景與組織內個人的願景連成一體，否則它就不是真正的共同願景。**對那些身居領導者位置的人而言，最要緊是記得他們的願景最終仍然只是個人願景，位居領導者位置並不代表他們的個人願景就是組織共同願景。**

團體學習

團體學習是建立在自我超越和共同願景之上的，是發展團體成員整體搭配與實現共同目標能力的過程。

組織在今日尤其需要團體學習，無論是管理組織，產品開發組織，或跨機能的工作小組。團體在組織中漸漸成為最關鍵的學習單位，之所以如此，是因為現在幾乎所有重要決定，都是直接或間接透過團體做出。甚至在某種意義上，個人學習與組織學習是無關的，即使個人始終都在學習，並不表示組織也在學習。但如果是團體在學習，團體變成整個組織學習的一個小單位，他們就能將所得到的共識化為行動。在組織內部，團體學習有三個方面需要顧及。

首先，團體必須學習如何組建出高於個人智力的團體智力。但一般情況下，組織中會有一些強大

的智力抵消，造成團體的智慧小於單個成員的才智。然而，有許多力量是團體成員可以控制並加以利用的。

其次，既需要突出個性又需要協調一致。在組織發展中，單個成員個性的發展對團體的發展有很大的幫助，而傑出團體也需要一種「工作上的默契」。每一位成員在發展自己的同時，要很好地配合團隊的發展。

第三，要重視團體成員的不同角色與影響。比如管理機構的每一個決定，都是透過不同的執行機構來施行的。

系統思考

系統思考是看見整體的一項修煉，是一個架構，讓我們看見相互關聯而非單一的事件，看見漸漸變化的形態而非瞬間即逝的一幕。

系統思考以一種新的方式，使我們重新認識周圍的世界。其主要的觀點可以概括為：由「將自己與世界分開」，轉變為「與世界連接」，從「將問題看作是由『外面』某些人或事引起的」，轉變為「看到自己的行動如何造成問題」。

系統思考主要有系統的觀點和動態的觀點兩個關鍵點。系統中各個局部都應該受到重視，因為它們不是孤立存在的，而是相互聯結、相互作用的。所以，系統思考並非深不可測，而是大家比較熟悉

的在生活、學習、工作中自然運用的一項修煉。系統的思考要求認清系統的結構，不應被表面現象所迷惑，應處理動態的、複雜的細節問題。

系統思考是五項修煉的核心，是其他修煉的互動：

第一，不具備系統思考的自我超越，常常是以自我為中心，只重視自己的追求，忽視外部力量對自身行動的影響；而擁有系統思考的自我超越，能融合理性與直覺，看清周圍的世界，對整體有使命感。於是，在超越的過程中，能主動的將自己與外界聯結起來，形成一個更寬闊的「願景」，這就是更高層次的「自我超越」；

第二，系統思考對於有效確立、改善心智模式也是很重要的。在心智模式中，加入系統思考，不僅能改善我們的心智模式，還能改變我們的思考方式，使我們的心智模式更加完善和健全；

第三，系統思考對建立共同願景也是很重要的。如果缺少了系統思考，我們的願景，只能被稱為幻景，而不能被科學合理的描述，這樣的願景缺乏吸引力，不能把員工凝聚起來。

第四，系統思考的觀點，對團體學習更為重要。系統思考的工具，為團體學習和克服工作中複雜的、動態的問題提供了有效的語言工具。

當然，系統思考也受到其他四項修煉的影響。

這五項修煉之間有很強的正相關性，它們相互影響、相互配合，可以說是榮辱與共的。之所以稱它們為修煉，表示這是一個過程，一個學習和提高的過程，作為企業的領導者，要深刻理解它們的原理，並在實踐中不斷的演練。

學習型組織的特徵

學習型組織透過培養組織的學習氣氛，實現每個成員的人生願景，進而使思維不斷創新，工作程序不斷革新。學習型組織具有以下幾個特徵：

善於不斷學習

這是學習型組織的本質特徵，主要有四點含義：第一，強調「終身學習」，即組織中的成員都應該養成終身學習的習慣，這樣才能形成良好的氣氛，促使其成員在工作中不斷學習；第二，強調「全員學習」，即企業組織的決策層、管理層、操作層都要全心投入學習，尤其是決策層，因為他們是決定企業發展方向和命運的重要階層；第三，強調「全程學習」，即學習必須貫徹於組織系統運行的整個過程之中；第四，強調透過保持學習能力，及時剷除發展道路上的障礙，進而保持持續的發展態勢。

「地方為主」的扁平式結構

傳統的組織通常是金字塔式的，學習型組織的結構則是扁平的，即從最上面的決策層到最下面的操作層，中間相隔層次極少。它盡可能地將決策權向組織結構的下層移動，讓最下層擁有充分的自主權，並對結果負責，進而形成以「地方為主」的扁平化組織結構。只有這樣的體制，才能保證上下級之間的無障礙溝通，下層才能更好體會上層的智慧，上層也才能瞭解下層的基本情況，組織才能成為互相學習、整體思考的整體。

自主管理

學習型組織是強調自主管理的組織。透過自主管理，由組織成員自己發現工作中的問題，然後分析原因、選定進取的目標、制定對策、組織實施、檢查效果、評定總結。成員在自主管理的過程中，透過相互學習、溝通和知識共用，就會形成共同願景，增強組織的應變能力。

組織成員可以兼顧事業與家庭

學習型組織努力使員工的生活和工作相得益彰。組織成員在寬鬆的工作環境中，能夠充分地發展自我，充分照顧到自己的家庭；同時能夠體驗到工作的樂趣，使工作與家庭不再相互矛盾，提高了組織成員的生活品質，達到家庭與事業之間的平衡。

領導者的新角色

在學習型組織中，領導者是設計師、僕人和教師。領導者需要對組織要素進行整合，設計組織發展的基本理念。領導者還要自覺接受願景的召喚，並且協助員工對真實情況進行正確的把握，提高他們對組織系統的瞭解能力，盡自己的一切力量，促進個人和組織的學習。

範圍寬泛

學習型組織可以是一個國家、政府，還可以是一個企業、班組，甚至可以是一個家庭。它有自己獨特的文化和精神風采，是能順應時代與環境變化，並能保持永不衰竭的活力。

本書所宣導的學習型組織理論，是科學的管理理論，有著不同凡響的作用和意義。有人評價它是**「一本探討個人及組織生命的書；它讓我們掌握個人及組織中最根本、最持久、卻常是最不明顯的力量來源，進而成為全神貫注於自己真正想做的事、又兼顧生命中最重要事情的『學習者』；組織也因此脫胎換骨成為學習型組織」**。本書所提出的五項修煉，也是前所未有的、具有里程碑意義的管理思想。

海鴿文化出版圖書有限公司
Seadove Publishing Company Ltd.

成功講座 388

一口氣讀完28本管理學經典

作者　宋學軍
美術構成　騾賴耙工作室
封面設計　九角文化設計
發行人　羅清維
企畫執行　林義傑、張緯倫
責任行政　陳淑貞

出版　海鴿文化出版圖書有限公司
出版登記　行政院新聞局局版北市業字第780號
發行部　台北市信義區林口街54-4號1樓
電話　02-27273008
傳真　02-27270603
e - mail　seadove.book@msa.hinet.net

總經銷　創智文化有限公司
住址　新北市土城區忠承路89號6樓
電話　02-22683489
傳真　02-22696560
網址　www.booknews.com.tw

香港總經銷　和平圖書有限公司
住址　香港柴灣嘉業街12號百樂門大廈17樓
電話　（852）2804-6687
傳真　（852）2804-6409

CVS總代理　美璟文化有限公司
電話　02-27239968　e - mail：net@uth.com.tw

出版日期　2023年01月01日　四版一刷

定價　380元
郵政劃撥　18989626　戶名：海鴿文化出版圖書有限公司

國家圖書館出版品預行編目資料

一口氣讀完28本管理學經典／宋學軍作.--
四版，--臺北市 ： 海鴿文化，2023.01
面 ；　公分. ——（成功講座；388）
ISBN 978-986-392-473-9（平裝）

1. 管理科學

494　　111018672